シリーズ オペレーションズ・リサーチ 6

線形計画法の基礎と応用

坂和正敏 [著]

朝倉書店

まえがき

線形計画法とその周辺に関する教科書や参考書は，G. B. Dantzig の大著以来，数多く出版されてきている．また，多目的計画法やファジィ計画法に関する専門書も現れてきている．しかし，理工系学部や経済・経営系学部で学ぶ学生諸君にとって，多目的計画法やファジィ計画法を包括する線形計画法の基礎と応用の分野を，わかりやすく解説している教科書は意外に少ないといえる．

本書は，このような広い意味での線形計画法の基礎と応用に関する分野の教えやすく学びやすい教科書として，やさしい例題を数多く取り入れて，紙面の許す限りわかりやすく解説するように心がけた．さらに，章末には適当な量の問題を与え，朝倉書店の Web サイト (http://www.asakura.co.jp/download.html) に解答を示しているので，学んだ内容の理解を深めることができる．これらの問題の中には，本文の内容を補足するものも数多く含まれているので，活用していただくことをおすすめする．

本書を読むにあたって必要となるのは，大学の初年級程度の線形代数学に関する基礎知識だけである．したがって，自然科学系学部で学ぶ学生諸君だけでなく，社会科学系学部で学ぶ学生諸君をはじめ，技術者や意思決定に携わっている人々にも幅広く利用していただけるものと信じている．

本書は，7 章からなっているが，各章のあらましは，次のとおりである．第 1 章では，本書で考察する線形モデルを 2 変数の数値例を用いて，平面上でやさしく説明する．第 2 章では，数値例に対する代数的解法により線形計画法の基本的な考えを把握した後，標準形の線形計画問題と基本的な用語を導入して，シンプレックス法，2 段階法，改訂シンプレックス法についてわかりやすく解説するとともに，線形計画法の双対定理と双対シンプレックス法にいたるまでの流れや関連がわかるように説明する．第 3 章では，表計算ソフト Microsoft Excel に付属している「ソルバー」を用いて線形計画問題を解く手順をパソコンの画面を用いてわかりやすく説明し，定式化された線形計画問題や拡張問題も容易に解けることを示す．第 4 章では，整数計画問題として定式化されるいくつかの具体例を紹介した後，整数計画法の基本的な枠組みと分枝限定法についてやさしく説明する．第5章では，多目的線形計画問題の定式化とパレート最適解の概念についてわかりやすく解説した後，パレート最適解を求めるための代表的なスカラー化手法として，重み係数法，制約法および重み付けミニマックス法について考察するとともに，多目的線形計画問題に対する対話型計画法を概観する．第6章では，ファジィ集合とファジィ決定の概念を概観した後，ファジィ目標とファジィ制約を考慮した線形計画法を紹介するとともに，ファジィ多目的線形計画法と対話型ファジィ多目的線形計画法についてわかりやすく説明する．応用例としての第7章では，食品スーパーの購買計画問題を取り上げて，経営上の意思決定問題に対する線形計画法からファジィ計画法にいたるまでの適用の仕方を例示する．

このように本書は，毎週90分の半年，あるいは1年講義の教えやすく学びやすい教科書として利用できるように工夫されているが，理工系学部の1，2年生や，経済・経営学系の学部生を対象とする「線形計画法」や「数理計画法」の毎週90分の半年講義では，第1章の図式解法から始めて，第2章の線形計画法を収得した後，第3章のソルバーによる定式化と解法により，学んだ内容に対する理解や現実感が深められる．また，残りの章は，学部の高学年生か大学院生の毎週90分の半年講義の教科書として利用できる．

最後に，原稿への適切なコメントと，第3章，第7章にご尽力いただいた本学研究院の西﨑一郎教授と，数値例の作成その他においてお世話になった研究室の松井 猛助教と大学院生岡本 優君に感謝する．さらに，本書の出版に際して大変お世話になった朝倉書店の方々に厚く御礼申し上げます．

2012年2月

坂和正敏

目　　次

囲み記事一覧

1 2変数の線形計画モデル

本章では，2変数の生産計画の問題を線形計画問題として定式化し，2次元平面上のグラフを描いて最適解を求めるという図式解法によりその特徴を明らかにする．また，生産量は整数でなければならないという条件が，この問題に付加された場合との平面上での比較により，整数計画法の必要性を確認する．さらに，利潤のみならず，環境保全をも考慮する必要が生じた状況に対処しうる多目的線形計画問題に対する図的考察により，線形計画モデルを概観する．

1.1 2変数の線形計画問題と図式解法

線形計画問題として定式化できる簡単な具体例として，次の生産計画の問題がよく知られている．

例 1.1 (2変数の生産計画の問題)

ある製造会社では，2種類の製品 P_1, P_2 を生産して利潤を最大にするような生産計画を立案しようとしている．製品 P_1 を1トン生産するには，原料 M_1, M_2, M_3 が 2, 3, 4 トン必要であり，製品 P_2 を1トン生産するには，原料 M_1, M_2, M_3 が 6, 2, 1 トン必要である．原料 M_1, M_2, M_3 には利用可能な最大量が決まっていて，それぞれ 27, 16, 18 トンまでしか利用できないものとする．また製品 P_1, P_2 の1トン当たりの利潤はそれぞれ 3, 8 万円であるとする．これらの生産条件と利潤に関するデータは表 1.1 のように表される．

表 1.1 生産条件と利潤

原料	製品 P_1	製品 P_2	利用可能量
M_1 (トン)	2	6	27
M_2 (トン)	3	2	16
M_3 (トン)	4	1	18
利潤 (万円)	3	8	

このとき利潤を最大にするためには，製品 P_1, P_2 をそれぞれ何トンずつ生産すればよいか？

製品 P_1, P_2 の生産量をそれぞれ x_1, x_2 トンとすれば，この問題は，線形計画問題として，「線形の利潤関数

$$3x_1 + 8x_2$$

を，線形の制約条件

$$\begin{aligned} 2x_1 + 6x_2 &\leqq 27 \\ 3x_1 + 2x_2 &\leqq 16 \\ 4x_1 + x_2 &\leqq 18 \end{aligned}$$

とすべての変数に対する非負条件

$$x_1 \geqq 0, \ x_2 \geqq 0$$

のもとで，最大にせよ」と定式化される. ■

このような 2 変数の線形計画問題は，2 次元平面上のグラフを描くことにより，容易に最適解を求めることができる.

ここでは便宜上，利潤関数を

$$z = -3x_1 - 8x_2$$

と表して，線形の制約条件と変数に対する非負条件のもとで，z を最小にするという問題として考えてみよう.

ここで，x_1 を横軸，x_2 を縦軸とする x_1–x_2 平面上で，不等式制約と非負性の条件をみたす点 (x_1, x_2) は，図 1.1 の凸五角形 $ABCDE$ の境界線上および内部である.

したがって，制約条件をみたし目的関数 z を最小にするこの問題の解は，図 1.1

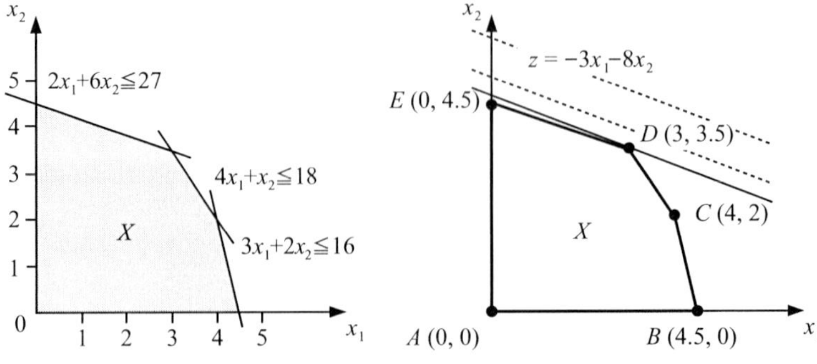

図 1.1 生産計画の問題の実行可能領域と最適解

から z の x_2 軸の切片を最大にする点 D となり，最適解は

$$x_1 = 3, \quad x_2 = 3.5, \quad z = -37$$

であることがわかる．

ここで，頂点 A, B, C, D, E に対する目的関数の値は，それぞれ，0, -13.5, -28, -37, -36 であるので，たとえば，任意の頂点から出発して，頂点 $A \to B \to C \to D$ あるいは $A \to E \to D$ のように目的関数の値が減少するような頂点へ，次々と移動していけば，最小値を与える頂点に到達できることがわかる．

1.2　2 変数の整数計画問題と図式解法

例 1.1 の簡単な 2 変数の生産計画の問題では，生産量は連続量として取り扱うことができたのに対して，たとえば，ハイビジョンテレビ，自動車，住宅，飛行機などのような，分割不可能な最小単位をもつ製品の生産計画の問題は，生産量は整数値でなければならない．このような状況における，2 変数の分割不可能な最小単位をもつ製品の生産計画の問題は，整数計画問題として定式化される．

例 **1.2**　**(2 変数の分割不可能な最小単位をもつ製品の生産計画の問題)**

製品 P_1, P_2 の生産量をそれぞれ x_1, x_2 トンとすれば，この問題は，すべての変数に対する整数条件が付加された整数計画問題として，「線形の利潤関数

$$3x_1 + 8x_2$$

を，線形の制約条件

$$\begin{aligned} 2x_1 + 6x_2 &\leqq 27 \\ 3x_1 + 2x_2 &\leqq 16 \\ 4x_1 + x_2 &\leqq 18 \end{aligned}$$

とすべての変数に対する非負条件と整数条件

$$\begin{aligned} &x_1 \geqq 0,\ x_2 \geqq 0 \\ &x_1 : \text{整数},\ x_2 : \text{整数} \end{aligned}$$

のもとで，最大にせよ」と定式化されることになる．■

このように定式化される整数計画問題を解く場合に，誰しも最初に思いつく解法は，変数に対する整数条件を取り除いた線形計画問題を解いて得られる，最適解の非整数成分を適当に丸めて整数解にするということであろう．というのは，得られた整数解が最適解になるという保証はないものの，少なくとも近似的最適解になるのではないかということが期待されるからである．

一般に，整数計画問題の変数に対する整数条件を取り除いた線形計画問題を解いて得られる最適解をなんらかの適当な方法で丸めた解は，変数のとりうる範囲が十分に大きければ近似解になることが期待されるが，必ずしももとの整数計画問題の近似的な最適解にもなりえないことに注意しよう．

このことを例示するために，例 1.1 の 2 変数の生産計画の問題と対応する，例 1.2 の 2 変数の分割不可能な最小単位をもつ製品の生産計画の問題を考えてみよう．ここで，x_1 を横軸，x_2 を縦軸とする x_1–x_2 平面上で，例 1.1 で示した 2 変数の生産計画の問題の不等式制約と，変数に対する非負条件をみたす点 (x_1, x_2) は，図 1.2 の左図の網かけ部分の凸五角形の境界線上と内部である．したがって，制約条件をみたし目的関数 z を最大にするこの問題の解は，図 1.2 の左図から z の x_2 軸の切片を最大にする点となり，最適解は $(x_1, x_2) = (3, 3.5)$ であることがわかる．しかし，このような例 1.1 の線形計画問題の最適解 $(x_1, x_2) = (3, 3.5)$ は整数条件をみたしていないので，例 1.2 の整数計画問題の最適解ではないことは明らかである．そこで，$(x_1, x_2) = (3, 3.5)$ の非整数成分 3.5 を適当に丸めて整数解にするために四捨五入すれば 4 になってしまう．ところが，四捨五入によって得られる点 $(3, 4)$ は，図 1.2 の左図の網かけ部分の凸五角形の外部の点となってしまい，制約条件をみたさない点になり，実行可能解にもなりえないことがわかる．そこで，網かけの部分の実行可能領域において $(x_1, x_2) = (3, 3.5)$ に最も近い格子点を探してみると，点 R $(3, 3)$ であることがわかる．しかし，点 R は整数計画問題の最適解 $(x_1, x_2) = (1, 4)$ からはるかに離れた点であり，近似最適解にはなりえないことがわかる．

本書の第 4 章では，このような線形計画問題の一部の変数，あるいはすべての

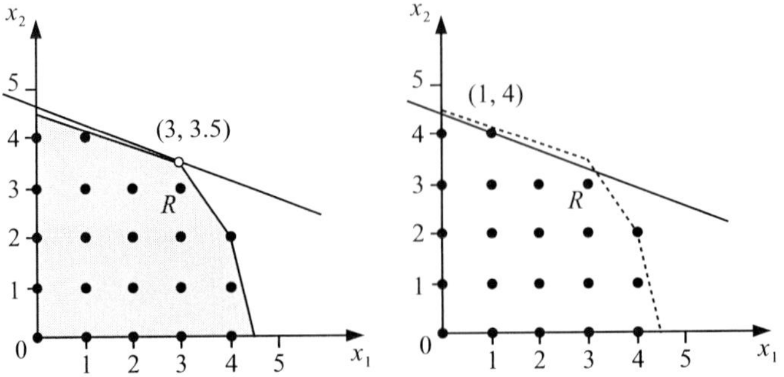

図 1.2　例 1.1 の 2 変数の生産計画の問題の最適解と対応する全整数計画問題の最適解

変数に整数条件が付加された問題としての整数計画問題に焦点を当て，整数計画問題として定式化されるいくつかの具体例を紹介した後，整数計画法の基本的枠組と分枝限定法の基礎をわかりやすく解説する．

1.3　2 変数の多目的線形計画問題

例 1.1 の問題において，利潤のみならず，環境保全をも考慮する必要が生じた場合の生産計画の問題について考えてみよう．

例 1.3　**(環境汚染を考慮した 2 変数の生産計画の問題)**

例 1.1 の生産計画の問題に対して，不幸にも，製品 P_1 を 1 単位生産すれば，5 トンの汚染物が排出され，製品 P_2 を 1 単位生産すれば，4 トンの汚染物が排出されることが判明したものと仮定しよう．その結果として，利潤を最大にするという目的のみならず，汚染物の排出量を最小にするという目的をも同時に考慮して，製品 P_1, P_2 の生産量を決定する必要が生じたものとしよう．

ここで，簡単化のために，汚染物の排出量は，製品 P_1, P_2 の生産量に比例するものと仮定すれば，製品 P_1, P_2 をそれぞれ x_1, x_2 トン生産したときの汚染物の全排出量は

$$5x_1 + 4x_2$$

で与えられる．したがって，環境汚染をも考慮した生産計画の問題は，利潤関数に便宜上マイナスをつけて最小にする目的として表せば，2 つの目的関数を同時に考慮した 2 目的線形計画問題として，「線形の 2 個の目的関数

$$z_1 = -3x_1 - 8x_2$$

および

$$z_2 = 5x_1 + 4x_2$$

を，線形の制約条件

$$\begin{aligned} 2x_1 + 6x_2 &\leqq 27 \\ 3x_1 + 2x_2 &\leqq 16 \\ 4x_1 + x_2 &\leqq 18 \end{aligned}$$

とすべての変数に対する非負条件

$$x_1 \geqq 0,\ x_2 \geqq 0$$

のもとで，最小にせよ」と定式化される．■

x_1–x_2 平面において，このような 2 目的の線形計画問題の実行可能領域 X

は，例 1.1 の生産計画の問題と同様に，図 1.3 の凸五角形 $ABCDE$ の境界線上および内部になる．また，5 個の頂点 A, B, C, D, E のうち，負の利潤関数 $z_1 = -3x_1 - 8x_2$ の最小値は，これまでのように，頂点 $D(3, 3.5)$ で与えられる．しかし，汚染物の排出量 $z_2 = 5x_1 + 4x_2$ の最小値は，頂点 $D(3, 3.5)$ ではなく，頂点 $A(0, 0)$ で与えられることになる．

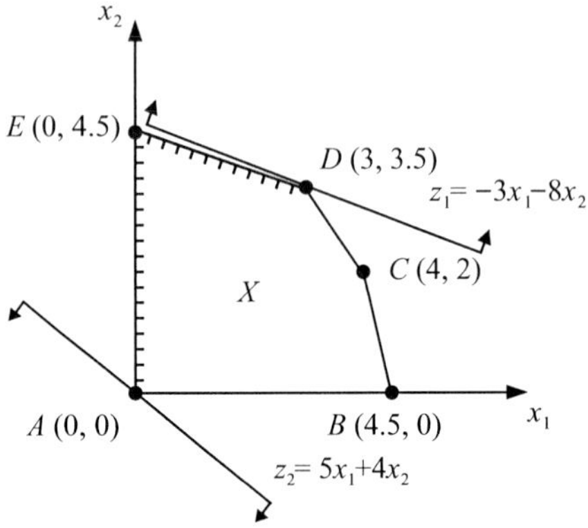

図 **1.3**　x_1–x_2 平面上での実行可能領域

この例からも容易に推測できるように，多目的線形計画問題の複数個の目的関数を同時に最小にするという解は，利潤と汚染物の排出量のように互いに**相競合**するような目的に対しては，一般には存在しないことがわかる．したがって，多目的線形計画問題に対しては，ある目的関数の値を改善するためには，少なくとも他の 1 つの目的関数の値を改悪せざるを得ないような解の概念が，経済学者 Pareto によって初めて定義され，**パレート最適解**，あるいは**非劣解**とよばれている．

このように，多目的線形計画問題に対する意思決定においては，一般に，ある目的をより良く達成しようとすれば，他の目的を犠牲にせざるを得ないという，いわゆるトレード・オフの状況におかれるので，人間としての**意思決定者**の価値判断を取り入れて，一般には唯一には定まらず，ある集合となって現れるパレート最適解の集合の中から最終的に合理的な解を選択しなければならない．本書の第 5 章では，このような多目的線形計画問題に対するパレート最適解の概念と，パレート最適解を求めるための代表的なスカラー化手法について述べた後，対話型多目的線形計画法について，わかりやすく解説する．

さらに，多目的線形計画問題に対する，人間としての価値判断のあいまい性を考慮すれば，意思決定者は各々の目的関数に対して，だいたいある値以下にしたいというようなあいまいな目標，すなわちファジィ目標をもつものと考えられる．このような意思決定者のファジィ目標を考慮した多目的線形計画法に対するファジィ計画法や対話型ファジィ計画法は，本書の第 6 章で考察するが，人間の判断のあいまい性を取り入れたしなやかな意思決定手法として，今後ますます，そのニーズが拡大するものと思われる．

章 末 問 題

1.1 ある製造会社では 2 種類の製品 P_1, P_2 を生産して利潤を最大にするような生産計画を立案しようとしている．製品 P_1 を 1 トン生産するには，原料 M_1, M_2, M_3 が 2, 8, 3 トン必要であり、製品 P_2 を 1 トン生産するには，原料 M_1, M_2, M_3 が 6, 6, 1 トン必要である．原料 M_1, M_2, M_3 には利用可能な最大量が決まっていて，それぞれ 27, 45, 15 トンまでしか利用できないものとする．また製品 P_1, P_2 の 1 トン当りの利潤はそれぞれ 2, 5 万円であるとする。このとき利潤を最大にするためには，製品 P_1, P_2 をそれぞれ何トンずつ生産すればよいか？

(1) 製品 P_1, P_2 の生産量をそれぞれ x_1, x_2 トンとして，この問題を線形計画問題として定式化せよ．

(2) x_1 を横軸，x_2 を縦軸とする x_1–x_2 平面上のグラフを描くことにより最適解を求めてみよ．

1.2 前問の生産計画の問題の生産量は整数値でなければならないことが判明した．

(1) このような状況における生産計画の問題を整数計画問題として定式化せよ．

(2) 線形計画問題の最適解に最も近い実行可能領域における格子点は，整数計画問題の最適解にはならないことを確かめて，最適解を求めよ．

1.3 輸送問題 ある製造業者が同一種類の製品を m 個の倉庫から n 個の営業所へ輸送しようとしている．いま，倉庫 i には a_i の量の製品があり，営業所 j ではその製品を b_j の量必要としている．さらに倉庫 i から営業所 j への製品 1 単位当たりの輸送費用 c_{ij} が与えられているものとする．このとき，総輸送費用を最小にするような輸送計画を，倉庫 i から営業所 j へ輸送される製品の量 x_{ij} を変数とする線形計画問題として定式化せよ．ただし，供給可能な総量と総需要量は等しいものと仮定する．

1.4 割当問題 n 人の人に n 個の仕事のいずれかを割り当てる．ただし，2 人以上の人を同一の仕事に重複して割り当てることはできない．また，2 個以上の仕事を同一の人に重複して割り当てることはできない．ここで，個人 i を仕事 j に割り当てたときの費用を c_{ij} とする．このとき，i 番目の人を j 番目の仕事に割り当てるときには 1，そうでないときには 0 をとるような変数 x_{ij} を導入して，総費用を最小にするような割当問題を定式化せよ．

2 線形計画法

与えられた線形の制約条件のもとで，ある一つの線形の目的関数を最大あるいは最小にするという，最適化手法としての線形計画法は，1947年の G.B. Dantzig によるシンプレックス法の提案以来，オペレーションズ・リサーチ，システム科学，情報科学，経営科学，管理科学などの分野において，最も基本的な数理的意思決定手法として，意欲的に研究され，コンピュータの進歩とともに，広く用いられてきている．本章では，2変数の生産計画の問題に対する代数的解法により，線形計画法の基本的な考えを把握した後，標準形の線形計画問題と基本的な用語を定義する．次に，線形計画法のピボット操作を定義し，シンプレックス法と2段階法に対する基礎理論とアルゴリズムをわかりやすく説明する．さらに，より効率的な改訂シンプレックス法の解説を行う．最後に，線形計画法の双対性と双対シンプレックス法を紹介する．

2.1 2変数の線形計画問題に対する代数的解法

1.1節では，例1.1の生産計画の問題，すなわち，「線形の負の利潤関数

$$z = -3x_1 - 8x_2$$

を，線形の不等式制約条件

$$\left.\begin{aligned} 2x_1 + 6x_2 &\leqq 27 \\ 3x_1 + 2x_2 &\leqq 16 \\ 4x_1 + x_2 &\leqq 18 \end{aligned}\right\}$$

と変数に対する非負条件

$$x_1 \geqq 0, \quad x_2 \geqq 0$$

のもとで，最小にせよ」という線形計画問題に対する2次元平面上での図式解法を紹介した．しかし，2次元以上の実際の多次元の問題では，このような図式解法は適用できないので，代数的解法を考察することにより，線形計画法の基本的

な考え方を把握してみよう．

そのために，原料 M_1, M_2, M_3 の余り（使い残し）を，それぞれ $x_3\ (\geqq 0)$, $x_4\ (\geqq 0)$, $x_5\ (\geqq 0)$ として，不等式制約式を等式制約式に変換するとともに，目的関数の式 $z = -3x_1 - 8x_2$ を，等式 $-3x_1 - 8x_2 - z = 0$ と変形して制約式に含めて拡大した連立方程式を構成すれば，問題は次のように表される．

拡大連立 1 次方程式

$$\left.\begin{array}{rl} 2x_1 + 6x_2 + x_3 & = 27 \\ 3x_1 + 2x_2 \qquad + x_4 & = 16 \\ 4x_1 + \ \ x_2 \qquad\qquad + x_5 & = 18 \\ -3x_1 - 8x_2 \qquad\qquad\qquad -z & = \ \ 0 \end{array}\right\} \tag{2.1}$$

とすべての変数に対する非負条件 $x_j \geqq 0,\ j = 1, 2, 3, 4, 5$ をみたし，目的関数 z を最小にする解を求めよ．

(2.1) で，$x_1 = x_2 = 0$ とおけば $x_3 = 27$, $x_4 = 16$, $x_5 = 18$, $z = 0$ となり，これは，図 1.1 の端点*1) A に対応している．

さて，(2.1) の第 4 式より，x_1, x_2 の値を 0 から正に増加させると，z の値は明らかに減少することがわかる．ここで，P_2 のほうが利潤が大である（この場合は負の利潤が小である）ので，$x_1 = 0$ として，x_2 の値を 0 から正の値に増加させてみる．このことは，図 1.1 では，端点 A から辺 AE に沿って端点 E に向かって進むことを意味する．

(2.1) より，x_2 の値を増加させると x_3, x_4, x_5 の値は減少するが，x_3, x_4, x_5 は負にはなれないので，x_2 の増加量は (2.1) の 3 つの制約式で制限されている．(2.1) の 3 つの制約式において，いま $x_1 = 0$ であるので，x_2 の値を増加させることのできる限界量は，それぞれ $27/6 = 4.5$, $16/2 = 8$, $18/1 = 18$ である．したがって，x_3, x_4, x_5 の値を負にしないような x_2 の最大増加量は，4.5, 8 および 18 の最小値，すなわち 4.5 となる．このように x_2 の値を 0 から 4.5 に増加させると，$x_3 = 0$ となって，原料 M_1 の最大量が利用されたことになる．

(2.1) の第 1 式を x_2 の係数 6 で割り，第 1 式，第 3 式と第 4 式から x_2 を消去すれば

---

*1)　線形計画法では，頂点のことを辺の端の点という意味で端点とよんでいるので，以下では頂点の代わりに端点という用語を用いることにする．

$$\left.\begin{array}{llllll}\frac{1}{3}x_1 + x_2 + \frac{1}{6}x_3 & & & & = 4.5 \\ \frac{7}{3}x_1 \quad - \frac{1}{3}x_3 + x_4 & & & & = 7 \\ \frac{11}{3}x_1 \quad - \frac{1}{6}x_3 & & + x_5 & & = 13.5 \\ -\frac{1}{3}x_1 \quad + \frac{4}{3}x_3 & & & -z & = 36\end{array}\right\} \tag{2.2}$$

となる．ここで $x_1 = x_3 = 0$ とすれば $x_2 = 4.5$, $x_4 = 7$, $x_5 = 13.5$, $z = -36$ が得られる．すなわち，$x_1 = 0$, $x_2 = 4.5$ は端点 E に対応しており，z の値は 0 から -36 に減少している．

次に，$x_3 = 0$ のまま x_1 の値を 0 から正に増加すれば，(2.2) の第 4 式から明らかに z の値は減少する．このことは，図 1.1 では端点 E から辺 ED に沿って端点 D に向かって進むことを意味する．x_2, x_4, x_5 の値をすべて非負に保つためには，(2.2) の 3 つの制約式より，x_1 の増加量の限界はそれぞれ $4.5/(1/3) = 13.5$, $7/(7/3) = 3$, $13.5/(11/3) \fallingdotseq 3.682$ であるので，これらの最小値 3 まで，x_1 を増加させれば，$x_4 = 0$ となる．このとき，原料 M_1, M_2 は，ともに最大量まで使用されたことになる．

(2.2) の第 2 式を x_1 の係数 7/3 で割り，第 1 式，第 3 式と第 4 式から x_1 を消去すれば

$$\left.\begin{array}{llllll} & x_2 + \frac{3}{14}x_3 - \frac{1}{7}x_4 & & & = 3.5 \\ x_1 & \quad - \frac{1}{7}x_3 + \frac{3}{7}x_4 & & & = 3 \\ & \quad \frac{5}{14}x_3 - \frac{11}{7}x_4 + x_5 & & & = 2.5 \\ & \quad \frac{9}{7}x_3 + \frac{1}{7}x_4 & & -z & = 37\end{array}\right\} \tag{2.3}$$

となる．ここで，$x_3 = x_4 = 0$ とおけば $x_1 = 3$, $x_2 = 3.5$, $x_5 = 2.5$, $z = -37$ となる．これは，図 1.1 の端点 D に対応しており，z の値は -36 から -37 に減少している．(2.3) の第 4 式より x_3, x_4 の係数はともに正であるので，x_3 あるいは x_4 の値を 0 から増加させれば，z の値は増加してしまうことがわかる．したがって，z の最小値は -37，すなわち利潤の最大値は，37 万円で，製品 P_1, P_2 の生産量は，それぞれ 3, 3.5 トンであることがわかる．

2.2　標準形の線形計画問題と基本的な用語

これまで，2 変数の簡単な生産計画の問題の具体例によって線形計画法を概観してきたが，この問題は，次のような n 変数の生産計画の問題に一般化される．

例 2.1　（$\boldsymbol{n}$ 変数の生産計画の問題）

ある製造会社は m 種類の資源を用いて n 種類の製品を生産している．このとき，製品 j を 1 単位生産するのに，資源 i が a_{ij} 単位必要であるが，資源 i の利用可能な最大量は b_i 単位であるものとする．また，製品 j を 1 単位生産することによって得られる利潤は c_j 単位であるとする．会社の目的は，総利潤を最大にするような製品の組合せを生産することである．

この問題に対して，製品 j の生産量を x_j とすれば，使用される資源 i の総量は，利用できる資源 i の最大量 b_i 以下でなくてはならないので，線形不等式 $a_{i1}x_1 + a_{i2}x_2 + \cdots + a_{in}x_n \leqq b_i,\ i = 1, 2, \ldots, m$ が成立する．また，負の生産量は無意味なので $x_j \geqq 0,\ j = 1, 2, \ldots, n$ でなくてはならない．さらに，製品 j を x_j 単位生産することによって得られる利潤は c_jx_j となるので，問題は，線形の利潤関数

$$c_1x_1 + c_2x_2 + \cdots + c_nx_n \tag{2.4}$$

を，線形の制約条件

$$\left.\begin{array}{l} a_{11}x_1 + \ a_{12}x_2 + \cdots + \ a_{1n}x_n \leqq \ b_1 \\ a_{21}x_1 + \ a_{22}x_2 + \cdots + \ a_{2n}x_n \leqq \ b_2 \\ \cdots\cdots\cdots\cdots\cdots\cdots\cdots \\ a_{m1}x_1 + a_{m2}x_2 + \cdots + a_{mn}x_n \leqq b_m \end{array}\right\} \tag{2.5}$$

と，すべての変数に対する非負条件

$$x_j \geqq 0, \quad j = 1, 2, \ldots, n \tag{2.6}$$

のもとで最大にするという形の，線形計画問題に定式化される．■

このような “$\leqq$” の向きの線形の不等式制約のもとで線形の目的関数を最大にするという生産計画の問題に対して，次の栄養の問題は，“$\geqq$” の向きの線形の不等式制約のもとで線形の目的関数を最小にするという，まったく対称的な線形計画問題としてよく知られている．ただし，いずれの問題にも $x_j \geqq 0, j = 1, \ldots, n$ なる非負条件があることに注意しよう．

例 2.2　（$\boldsymbol{n}$ 変数の栄養の問題）

健康維持に必要な栄養素の毎日の最低必要量をみたしながら，最も経済的に必

要な栄養素を含む食品の組合せを決める問題を考えてみよう．ここで，必要な栄養素の数を m，食品の数を n とし，各食品 j に含まれる栄養素 i の量 a_{ij}，各栄養素 i の毎日の最低必要量 b_i，および，各食品 j の1単位当たりの費用 c_j は与えられているものとする．

この問題に対して，食品 j の購入量を x_j とすれば，購入する全食品に含まれている栄養素 i の総量 $a_{i1}x_1 + a_{i2}x_2 + \cdots + a_{in}x_n, i = 1, 2, \ldots, m$ は，栄養素 i の1日当りの最低必要量以上でなくてはならないので，この線形計画問題は，線形の**費用関数**

$$c_1x_1 + c_2x_2 + \cdots + c_nx_n \tag{2.7}$$

を，線形の制約条件

$$\left.\begin{array}{l} a_{11}x_1 + \ a_{12}x_2 + \cdots + \ a_{1n}x_n \geqq b_1 \\ a_{21}x_1 + \ a_{22}x_2 + \cdots + \ a_{2n}x_n \geqq b_2 \\ \cdots\cdots\cdots\cdots\cdots\cdots\cdots \\ a_{m1}x_1 + a_{m2}x_2 + \cdots + a_{mn}x_n \geqq b_m \end{array}\right\} \tag{2.8}$$

と，すべての変数に対する非負条件

$$x_j \geqq 0, \quad j = 1, 2, \ldots, n \tag{2.9}$$

のもとで最小にするという形に定式化される． ■

ここで，n 変数の栄養の問題の具体例として，次のような2変数3制約の栄養の問題を示しておこう．

例 **2.3** （**2** 変数 **3** 制約の栄養の問題）

家庭の主婦が，3種類の栄養素 N_1, N_2, N_3 を含む2種類の食品 F_1, F_2 を用いて，栄養素 N_1, N_2, N_3 の最低必要摂取量を含む料理を作って，食品の購入費用を最小にしようとしている．ここで，食品 F_1 の1 g に含まれる栄養素 N_1, N_2, N_3 の量は，それぞれ 1, 1, 2 mg で，食品 F_2 の1 g に含まれる栄養素 N_1, N_2, N_3 の量は，それぞれ 3, 2, 1 mg であり，栄養素 N_1, N_2, N_3 の最低必要摂取量は，それぞれ 12, 10, 15 mg であるとする．また，食品 F_1, F_2 の1 g 当たりの価格はそれぞれ 4, 3 円であるとする．これらの栄養素の含有量，必要量および食品の価格に関するデータは表 2.1 のように表される．

このとき，栄養素 N_1, N_2, N_3 の最低必要摂取量をみたし，費用を最小にするような料理を作るためには，食品 F_1, F_2 をそれぞれどれだけ購入すればよいか？

食品 F_1, F_2 の購入量をそれぞれ x_1, x_2 g とすれば，この問題は，線形計画問題として，次のように定式化される．

線形の費用関数

表 2.1 栄養素の含有量，必要量および食品の価格

栄養素	食品 F_1	食品 F_2	必要量
N_1 (mg)	1	3	12
N_2 (mg)	1	2	10
N_3 (mg)	2	1	15
価格 (円)	4	3	

$$4x_1 + 3x_2 \tag{2.10}$$

を，線形の不等式制約条件

$$\left.\begin{aligned} x_1 + 3x_2 &\geqq 12 \\ x_1 + 2x_2 &\geqq 10 \\ 2x_1 + x_2 &\geqq 15 \end{aligned}\right\} \tag{2.11}$$

と変数に対する非負条件

$$x_1 \geqq 0,\ x_2 \geqq 0 \tag{2.12}$$

のもとで，最小にせよ． ■

このような対称的な生産計画の問題や栄養の問題を統一的に取り扱うために，標準形の線形計画問題が次のように定義されている．すなわち，線形の目的関数

$$z = c_1x_1 + c_2x_2 + \cdots + c_nx_n \tag{2.13}$$

を，線形の等式制約条件

$$\left.\begin{array}{l} a_{11}x_1 + a_{12}x_2 + \cdots + a_{1n}x_n = b_1 \\ a_{21}x_1 + a_{22}x_2 + \cdots + a_{2n}x_n = b_2 \\ \cdots\cdots\cdots\cdots\cdots\cdots\cdots \\ a_{m1}x_1 + a_{m2}x_2 + \cdots + a_{mn}x_n = b_m \end{array}\right\} \tag{2.14}$$

と, すべての変数に対する非負条件

$$x_j \geqq 0, \quad j = 1, 2, \ldots, n \tag{2.15}$$

のもとで最小にする問題を，標準形の線形計画問題とよぶことにする．

ここで，a_{ij}, b_i および c_j は，もちろん与えられた定数で，b_i を右辺定数とよぶ．また, 目的関数が費用関数の場合のように最小化であることを考慮して，c_j を費用係数とよぶ．なお，目的関数が利潤関数のように最大化の場合は，c_j は利潤係数とよばれる．

本書では，このような標準形の線形計画問題を，次のように表すことにする．

$$\left.\begin{array}{ll}\text{minimize} & z = c_1x_1 + \ c_2x_2 + \cdots + \ c_nx_n \\ \text{subject to} & a_{11}x_1 + a_{12}x_2 + \cdots + a_{1n}x_n = b_1 \\ & a_{21}x_1 + a_{22}x_2 + \cdots + a_{2n}x_n = b_2 \\ & \cdots\cdots\cdots\cdots\cdots\cdots \\ & a_{m1}x_1 + a_{m2}x_2 + \cdots + a_{mn}x_n = b_m \\ & x_j \geqq 0, \quad j = 1, 2, \ldots, n \end{array}\right\} \tag{2.16}$$

あるいは，より簡潔に

$$\left.\begin{array}{ll}\text{minimize} & z = \sum_{j=1}^{n} c_jx_j \\ \text{subject to} & \sum_{j=1}^{n} a_{ij}x_j = b_i, \quad i = 1, \ldots, m \\ & x_j \geqq 0, \quad j = 1, \ldots, n \end{array}\right\} \tag{2.17}$$

とも表される．

さらに，標準形の線形計画問題 (2.16) の目的関数の式 $z = c_1x_1 + c_2x_2 + \cdots + c_nx_n$ を等式

$$-z + c_1x_1 + c_2x_2 + \cdots + c_nx_n = 0 \tag{2.18}$$

として，制約式に含めて拡張した連立方程式を構成すれば，標準形の線形計画問題は次のような拡大連立 1 次方程式によって表現される．

拡大連立 1 次方程式

$$\left.\begin{array}{r} a_{11}x_1 + a_{12}x_2 + \cdots + a_{1n}x_n = b_1 \\ a_{21}x_1 + a_{22}x_2 + \cdots + a_{2n}x_n = b_2 \\ \cdots\cdots\cdots\cdots\cdots\cdots \\ a_{m1}x_1 + a_{m2}x_2 + \cdots + a_{mn}x_n = b_m \\ -z + \ c_1x_1 + \ c_2x_2 + \cdots + \ c_nx_n = 0 \end{array}\right\} \tag{2.19}$$

と非負条件 $x_1 \geqq 0, x_2 \geqq 0, \ldots, x_n \geqq 0$ をみたし，目的関数 z を最小にする解を求めよ．

ここで，任意の線形計画問題は，次のようにして，容易に標準形の線形計画問題に変換できることに注意しよう．

たとえば，“$\leqq$” の向きの不等式制約式

$$\sum_{j=1}^{n} a_{ij}x_j \leqq b_i, \quad i = 1, 2, \ldots, m \tag{2.20}$$

は，非負のスラック変数 $x_{n+i} \geqq 0$ を導入すれば，等式制約

$$\sum_{j=1}^{n} a_{ij}x_j + x_{n+i} = b_i, \quad (x_{n+i} \geqq 0) \quad i = 1, 2, \ldots, m \tag{2.21}$$

に変換できる．同様に，“≧” の向きの不等式制約式

$$\sum_{j=1}^{n} a_{ij}x_j \geqq b_i, \quad i = 1, 2, \ldots, m \tag{2.22}$$

は，非負の余裕変数 $x_{n+i} \geqq 0$ を導入すれば，次のような等式制約式になる．

$$\sum_{j=1}^{n} a_{ij}x_j - x_{n+i} = b_i, \quad (x_{n+i} \geqq 0) \quad i = 1, 2, \ldots, m \tag{2.23}$$

また，非負条件のない自由変数 x_k は，2 つの非負の変数 x_k^+ $(\geqq 0)$, x_k^- $(\geqq 0)$ の差，すなわち

$$x_k = x_k^+ - x_k^-, \ x_k^+ \geqq 0, \ x_k^- \geqq 0 \tag{2.24}$$

で置き換えればよい．

さらに，最大化問題は，目的関数に (-1) を掛けて最小化問題に変換すればよい．

ここで，例 1.1 の生産計画の問題に対する代数的解法では，目的関数に (-1) を掛けて最小化問題に変換した後，3 個の非負スラック変数 x_3, x_4, x_5 を導入して，次のような標準形の線形計画問題に変換したことを思い出してみよう．

$$\left.\begin{array}{lrl}
\text{minimize} & z = & -3x_1 - 8x_2 \\
\text{subject to} & & 2x_1 + 6x_2 + x_3 = 27 \\
 & & 3x_1 + 2x_2 + x_4 = 16 \\
 & & 4x_1 + x_2 + x_5 = 18 \\
 & & x_j \geqq 0, \quad j = 1, 2, 3, 4, 5
\end{array}\right\} \tag{2.25}$$

一般の n 変数の生産計画の問題に対しては，m 個の非負のスラック変数 x_{n+i} $(\geqq 0)$, $i = 1, \ldots, m$ を導入すれば，次のような標準形の線形計画問題に変換される．

$$\left.\begin{array}{ll}
\text{minimize} & c_1x_1 + \ c_2x_2 + \cdots + \ c_nx_n \\
\text{subject to} & a_{11}x_1 + a_{12}x_2 + \cdots + a_{1n}x_n + x_{n+1} \qquad\qquad = b_1 \\
 & a_{21}x_1 + a_{22}x_2 + \cdots + a_{2n}x_n \qquad + x_{n+2} \qquad = b_2 \\
 & \cdots\cdots\cdots\cdots\cdots\cdots\cdots \\
 & a_{m1}x_1 + a_{m2}x_2 + \cdots + a_{mn}x_n \qquad\qquad + x_{n+m} = b_m \\
 & \quad x_j \geqq 0, \quad j = 1, 2, \ldots, n, n+1, \ldots, n+m
\end{array}\right\} \tag{2.26}$$

さらに，n 変数の栄養の問題に対しては，m 個の非負の余裕変数 x_{n+i} $(\geqq 0)$, $i = 1, \ldots, m$ を導入すれば，次のような標準形の線形計画問題に変換される．

$$
\left.\begin{array}{lllllll}
\text{minimize} & c_1x_1+ & c_2x_2+\cdots+ & c_nx_n & & & \\
\text{subject to} & a_{11}x_1+ & a_{12}x_2+\cdots+ & a_{1n}x_n & -x_{n+1} & & =b_1 \\
 & a_{21}x_1+ & a_{22}x_2+\cdots+ & a_{2n}x_n & & -x_{n+2} & =b_2 \\
 & \cdots\cdots & \cdots\cdots\cdots & & & & \\
 & a_{m1}x_1+ & a_{m2}x_2+\cdots+ & a_{mn}x_n & & -x_{n+m} & =b_m \\
 & \multicolumn{6}{l}{x_j \geqq 0, \quad j=1,2,\ldots,n,n+1,\ldots,n+m}
\end{array}\right\} \tag{2.27}
$$

線形計画法は，標準形の線形計画問題の等式制約式と非負条件をみたす解が存在するかどうかを調べ，もし存在すれば，目的関数 z の値を最小にするような解を見つけるという基本的な考えに基づいている．

ところが，標準形の線形計画問題の等式制約式をみたす解が存在しなければ，最適化はありえない．したがって最も興味がある場合は，(2.16) の制約式をみたす解が無数に存在して，その中から目的関数 z の値を最小にする解を求めることである．そのためには，ここでは便宜上，変数の数 n のほうが方程式の数 m より多いこと，すなわち $n > m$ であることと，m 個の等式制約にはむだな制約式は含まれていないことを仮定する[*2)]

さて，このような仮定のもとで，標準形の線形計画問題 (2.16) に対する基本的な用語を定義していこう．

まず，標準形の線形計画問題の等式制約式と非負条件をみたす $x_1, x_2, \ldots, x_n$ を**実行可能解**とよぶことにすれば，目的関数 z の値を最小にするような実行可能解を**最適解**とよび，そのときの目的関数 z の値を**最適値**とよぶことは自然な定義である．

ここで，すべての変数に対する非負条件，すなわち $x_j \geqq 0, j=1,2,\ldots,n$ を利用して，ある $(n-m)$ 個の変数 x_j の値をすべて 0 とおけば，標準形の線形計画問題 (2.16) の等式制約式は，残りの m 個の変数 x_j に対する m 個の（1 次独立な）連立 1 次方程式となることに注目しよう．このように，標準形の線形計画問題の等式制約式に対して，ある $(n-m)$ 個の変数 x_j の値をすべて 0 とおいて，残りの m 個の変数 x_j に対する m 個の連立 1 次方程式を解いて得られる解

---

*2) m 個の等式制約にむだな制約式が含まれていないということは，線形代数の用語では m 個の等式が 1 次独立である，あるいは．a_{ij} を成分とする $m \times n$ 行列 A の階数が m，すなわち $\mathrm{rank}(A)=m$ と表される．ここで，1 次従属な制約があれば，むだな制約式が含まれていることになるので，それらを取り除いても解は変化しない．なお，等式制約式の数が増加すれば 1 次独立かどうかを調べることは困難になるが，後で述べるシンプレックス法の第 1 段階で確認できる．

$x_1, x_2, \ldots, x_n$ を，線形計画法では，特に，**基底解**と定義する．ここで，0 とおいた $n-m$ 個の変数を**非基底変数**とよび，残りの（一般には 0 でない）m 個の変数を**基底変数**とよぶ．さらに，すべての変数の値が非負となるような基底解を**実行可能基底解**と定義する．ここで，基底解の数は，n 個の変数の集合から m 個の変数を選ぶ組合せの数，すなわち ${}_nC_m$ 個で，実行可能基底解の数はそれ以下であることに注意しよう．また，基底解の定義より，基底解の $n-m$ 個の成分は必ず 0 であるので，実行可能基底解は，たかだか m 個の基底変数の値が正で残りの非基底変数の値は 0 であることがわかる．ここで，ちょうど m 個の基底変数の値が正であるような実行可能基底解を，**非退化実行可能基底解**とよぶ．

例 **2.4**　(基底解)

例 1.1 で示した生産計画の問題の標準形の線形計画問題 (2.25) における基底解について考えてみよう．

まず x_3, x_4, x_5 を基底変数にとれば，基底解は明らかに $x_1 = 0$, $x_2 = 0$, $x_3 = 27$, $x_4 = 16$, $x_5 = 18$ で，実行可能基底解である．これは図 1.1 の端点 A に対応している．

一方 x_1, x_2, x_4 を基底変数にとり，連立 1 次方程式

$$\begin{aligned} 2x_1 + 6x_2 \phantom{{}+x_4} &= 27 \\ 3x_1 + 2x_2 + x_4 &= 16 \\ 4x_1 + x_2 \phantom{{}+x_4} &= 18 \end{aligned}$$

を解けば，$x_1 = 81/22$, $x_2 = 36/11$, $x_4 = -35/22$ を得るので，基底解は $x_1 = 81/22$, $x_2 = 36/11$, $x_3 = 0$, $x_4 = -35/22$, $x_5 = 0$ となるが，これは実行可能基底解でない．

他方 x_1, x_2, x_5 を基底変数にとり，連立 1 次方程式

$$\begin{aligned} 2x_1 + 6x_2 \phantom{{}+x_5} &= 27 \\ 3x_1 + 2x_2 \phantom{{}+x_5} &= 16 \\ 4x_1 + x_2 + x_5 &= 18 \end{aligned}$$

を解けば，実行可能基底解 $x_1 = 3$, $x_2 = 3.5$, $x_3 = 0$, $x_4 = 0$, $x_5 = 2.5$ が得られる．これは，図 1.1 の端点 D に対応しており，最適解である．■

2.3　シンプレックス法

例 1.1 の生産計画の問題に対する代数的解法で把握した線形計画法の概略を一般の線形計画問題に拡張するために，本節では，変数 $x_1, x_2, \ldots, x_m$ を基底変数

とする次のような線形計画問題を考えてみよう.

拡大連立1次方程式

$$\left.\begin{array}{llllll} x_1 & + \bar{a}_{1,m+1}x_{m+1} & + \bar{a}_{1,m+2}x_{m+2} & + \cdots & + \bar{a}_{1n}x_n & = \bar{b}_1 \\ \quad x_2 & + \bar{a}_{2,m+1}x_{m+1} & + \bar{a}_{2,m+2}x_{m+2} & + \cdots & + \bar{a}_{2n}x_n & = \bar{b}_2 \\ & \cdots\cdots & \cdots\cdots & \cdots & \cdots & \\ \qquad x_m & + \bar{a}_{m,m+1}x_{m+1} & + \bar{a}_{m,m+2}x_{m+2} & + \cdots & + \bar{a}_{mn}x_n & = \bar{b}_m \\ \qquad -z & + \bar{c}_{m+1}x_{m+1} & + \bar{c}_{m+2}x_{m+2} & + \cdots & + \bar{c}_n x_n & = -\bar{z} \end{array}\right\} \tag{2.28}$$

とすべての変数に対する非負条件 $x_1 \geqq 0, x_2 \geqq 0, \ldots, x_n \geqq 0$ をみたし，目的関数 z の値を最小にする解を求めよ．ここで前節と同様に $n > m$ であることと，m 個の等式制約にはむだな制約式は含まれていないことを仮定する.

拡大連立1次方程式 (2.28) のように，変数 $x_1, x_2, \ldots, x_m$ のすべての係数が，ある1つの式で1で，その他の式では0となっているような連立1次方程式は，**正準形**あるいは**基底形式**とよばれる[*3)]．このとき，変数 $x_1, x_2, \ldots, x_m$ および $(-z)$ を，**基底変数**とよび，残りの変数 $x_{m+1}, x_{m+2}, \ldots, x_n$ を**非基底変数**とよぶ．このような正準型では，$(-z)$ はつねに基底変数に入るので，特に断わらずに，変数 $x_1, x_2, \ldots, x_m$ のみを基底変数とよぶ.

正準形 (2.28) は表 2.2 のように表すとわかりやすい．この表は**シンプレックス・タブロー**または**単体表**とよばれ，正準形の諸係数が表中にあり，各式に含まれている基底変数と基底解がこの表から容易に読み取れるようになっている．ここで，シンプレックス・タブローの空欄の部分は0である.

正準形あるいはシンプレックス・タブローより，$x_1, x_2, \ldots, x_m$ を基底変数と

表 2.2 シンプレックス・タブロー

基底	x_1	x_2	$\cdots$	x_m	x_{m+1}	x_{m+2}	$\cdots$	x_n	定数
x_1	1				$\bar{a}_{1,m+1}$	$\bar{a}_{1,m+2}$	$\cdots$	$\bar{a}_{1n}$	$\bar{b}_1$
x_2		1			$\bar{a}_{2,m+1}$	$\bar{a}_{2,m+2}$	$\cdots$	$\bar{a}_{2n}$	$\bar{b}_2$
$\vdots$			$\ddots$		$\vdots$	$\vdots$	$\cdots$	$\vdots$	$\vdots$
x_m				1	$\bar{a}_{m,m+1}$	$\bar{a}_{m,m+2}$	$\cdots$	$\bar{a}_{mn}$	$\bar{b}_m$
$-z$					$\bar{c}_{m+1}$	$\bar{c}_{m+2}$	$\cdots$	$\bar{c}_n$	$-\bar{z}$

*3) $-z$ の行を含む正準形は，しばしば拡大正準形とよばれるが，本書では，必要なとき以外は，特に区別しないことにする.

する基底解は

$$x_1 = \bar{b}_1,\ x_2 = \bar{b}_2, \ldots,\ x_m = \bar{b}_m,\ x_{m+1} = x_{m+2} = \cdots = x_n = 0 \tag{2.29}$$

で，目的関数の値は

$$z = \bar{z} \tag{2.30}$$

であることが直ちにわかる．ここで，もし

$$\bar{b}_1 \geqq 0,\ \bar{b}_2 \geqq 0, \ldots, \bar{b}_m \geqq 0 \tag{2.31}$$

が成立すれば，基底解 (2.29) は実行可能解となるので，このときの正準形 (タブロー) を，**実行可能正準形 (タブロー)** という．また，もし 1 個以上の $\bar{b}_i = 0$ であれば，そのときの実行可能基底解は退化しているという．

さて，実行可能正準形が直ちに得られる例として，例 2.1 の一般の生産計画の問題について考えてみよう．この問題に対して m 個のスラック変数 $x_{n+i} \geqq 0$, $i = 1, 2, \ldots, m$ を導入して，目的関数に (-1) を掛けて最小化問題に変換すれば，次の形の正準形に変換される．

$$\left.\begin{array}{llllll}
a_{11}x_1 + a_{12}x_2 + \cdots + a_{1n}x_n + x_{n+1} & & & & = & b_1 \\
a_{21}x_1 + a_{22}x_2 + \cdots + a_{2n}x_n & + x_{n+2} & & & = & b_2 \\
\cdots\cdots\cdots\cdots\cdots\cdots\cdots & & & & & \\
a_{m1}x_1 + a_{m,2}x_2 + \cdots + a_{mn}x_n & & + x_{n+m} & & = & b_m \\
c_1x_1 + c_2x_2 + \cdots + c_nx_n & & & -z & = & 0
\end{array}\right\} \tag{2.32}$$

ここで，m 個のスラック変数 $x_{n+1}, x_{n+2}, \ldots, x_{n+m}$ を基底変数にとれば，(2.32) は明らかに正準形で，基底解は

$$x_1 = x_2 = \cdots = x_n = 0, x_{n+1} = b_1, \ldots, x_{n+m} = b_m \tag{2.33}$$

となる．ここで，b_i は資源 i の利用可能な最大量を表しているので，当然 $b_i \geqq 0$, $i = 1, 2, \ldots, m$ であるので，この基底解は実行可能解である．したがって，この正準形は実行可能正準形であることがわかる．

これに対して，例 2.2 の栄養の問題に m 個の余裕変数 $x_{n+i} \geqq 0, i = 1, 2, \ldots, m$ を導入して，両辺に (-1) を掛けて余裕変数を基底変数としても，基底解は

$$x_1 = x_2 = \cdots = x_n = 0, x_{n+1} = -b_1, \ldots, x_{n+m} = -b_m \tag{2.34}$$

となるが，$b_i \geqq 0$, $i = 1, 2, \ldots, m$ であるので，実行可能正準形にはならない．

このように，栄養の問題は m 個の余裕変数を導入しても実行可能正準形にはな

らない．しかし幸いにも，生産計画の問題は m 個のスラック変数を基底変数にとれば，直ちに実行可能正準形になるので，本節の以下の議論では，正準形 (2.28) が実行可能正準形，すなわち $\bar{b}_1 \geqq 0,\ \bar{b}_2 \geqq 0, \ldots, \bar{b}_m \geqq 0$ であることを仮定して，実行可能正準形から出発するシンプレックス法について考察していこう．

まず最初に，正準形 (2.28) が実行可能正準形 ($\bar{b}_1 \geqq 0,\ \bar{b}_2 \geqq 0, \ldots, \bar{b}_m \geqq 0$) であると仮定して，目的関数 z に関する式を

$$z = \bar{z} + \bar{c}_{m+1}x_{m+1} + \bar{c}_{m+2}x_{m+2} + \cdots + \bar{c}_n x_n$$

と変形すれば，この式における非基底変数 $x_{m+1}, x_{m+2}, \ldots, x_n$ の現在の値はすべて 0 であるので，対応する目的関数の値は $z = \bar{z}$ であることに注意しよう．ここで，すべての変数に対する非負条件より $x_j \geqq 0,\ j = 1, 2, \ldots, n$ でなければならないことに注意すれば，$\bar{c}_j \geqq 0$ であれば，$\bar{c}_j x_j \geqq 0,\ j = m+1, m+2, \ldots, n$ となり，非基底変数の値を 0 から正に増加させても目的関数 z の値を減少させることができないので，現在の実行可能基底解は最適解でなければならないことがわかる．

このようにして，実行可能正準形 (2.28) は，実行可能基底解を直ちに与えるのみならず，$\bar{c}_j,\ j = m+1, m+2, \ldots, n$ の符号を見るだけで，最適性が直ちに判定できるという大変望ましい最適性規準が導かれる．

最適性規準

実行可能正準形 (2.28) において，すべての $\bar{c}_{m+1}, \bar{c}_{m+2}, \ldots, \bar{c}_n$ が非負，すなわち

$$\bar{c}_j \geqq 0, \quad j = m+1, m+2, \ldots, n \tag{2.35}$$

であれば，このときの実行可能基底解は最適解である．

ここで，非基底変数の変化にともなう目的関数の変化率を意味する $\bar{c}_j$ を**相対費用係数**というが，基底変数に対しては相対費用係数はつねに 0 であることに注意しよう．

(2.35) を**最適性規準**あるいは**シンプレックス規準**とよび，最適性規準をみたす実行可能正準形を，**最適正準形**あるいは**最適基底形式**とよぶ．また，最適性規準をみたすタブローを**最適タブロー**とよぶ．

相対費用係数から，最適解が複数個存在するかどうかの判定もできる．いま，すべての非基底変数 x_j に対して $\bar{c}_j \geqq 0$ で，しかもある非基底変数 x_k に対して $\bar{c}_k = 0$ としよう．このとき，非基底変数 x_k の値を 0 から正に増加させても制約

式をみたせば，目的関数 z の値は変化しないので，複数個の最適解が存在することになり，最適解の一意性に関する性質が得られる．

最適解の一意性

実行可能正準形 (2.28) において，すべての非基底変数に対して $\bar{c}_j > 0$ であれば，このときの実行可能基底解は唯一の最適解，すなわち，一意的な最適解である．

もちろん，$\bar{c}_j$ の中に負のものが存在すれば，対応する非基底変数 x_j の値を 0 から正に増加させることにより，目的関数 z の値を減少させることができる．したがって，最適解ではない現在の解の改良方法について考察してみよう．

もし，少なくとも 1 個の $\bar{c}_j < 0$ ならば，そのとき非退化 (すべての $\bar{b}_i > 0$) の仮定のもとで，ピボット操作によって目的関数 z の値を改善するような実行可能基底解を得ることが可能である．このとき，もし 2 個以上の負の $\bar{c}_j$ (< 0) があれば，負の最も小さな $\bar{c}_j$，すなわち，相対費用係数

$$\bar{c}_s = \min_{\bar{c}_j < 0} \bar{c}_j \tag{2.36}$$

に対応する非基底変数 x_s を 0 から正に増加させる変数に選ぶことが自然である．もちろん，このような選択規則は（対応する x_s を必ずしも十分大きくできるとは限らないので）必ずしも目的関数 z の値を最大限に減少させるとは限らないが，直感的には，新たに基底に入れる変数を選定するための 1 つの納得のできる実用的な規則を与えるので，現在でも実際に採用されている．

さて，基底に入る変数 x_s を決定したら，残りの非基底変数の値は 0 のままにして，x_s の値を 0 から増加させて，現在の基底変数への影響を調べてみよう．

そのために，実行可能正準形 (2.28) において x_s 以外のすべての非基底変数の値を 0 とおけば

$$\left.\begin{aligned} x_1 &= \bar{b}_1 - \bar{a}_{1s} x_s \\ x_2 &= \bar{b}_2 - \bar{a}_{2s} x_s \\ &\cdots\cdots\cdots\cdots \\ x_m &= \bar{b}_m - \bar{a}_{ms} x_s \\ z &= \bar{z} + \bar{c}_s x_s, \quad \bar{c}_s < 0 \end{aligned}\right\} \tag{2.37}$$

となる．ここで x_s の値を 0 から増加させると，$\bar{c}_s < 0$ であるので，目的関数 z の値は減少するが，実行可能解であるためには

$$x_i = \bar{b}_i - \bar{a}_{is}x_s \geqq 0, \quad i = 1, 2, \ldots, m \tag{2.38}$$

をみたさなければならない．ところが，もし

$$\bar{a}_{is} \leqq 0, \quad i = 1, 2, \ldots, m \tag{2.39}$$

であれば，x_s の値はいくらでも増加させることができるので，$\bar{c}_s < 0$ であることを考慮すれば，(2.37) の最後の式より

$$z = \bar{z} + \bar{c}_s x_s \to -\infty$$

となる．このようにして，解の非有界性に関する性質が導かれる．

非有界性

> 実行可能正準形 (2.28) において，もしある添字 s に対して
>
> $$\bar{c}_s < 0, \ \bar{a}_{is} \leqq 0, \quad i = 1, 2, \ldots, m \tag{2.40}$$
>
> であれば，解は非有界である．

しかし，$\bar{a}_{is}, i = 1, 2, \ldots, m$ の中に正のものがあれば，x_s の値を無限に増加させることはできない．なぜなら，もし x_s の値を増加させて行けば，ある基底変数の値が 0 になり，それから負になってしまうからである．

$\bar{a}_{is} > 0$ のとき (2.37) より x_s の値が

$$x_s = \frac{\bar{b}_i}{\bar{a}_{is}}, \quad \bar{a}_{is} > 0 \tag{2.41}$$

になれば，x_i の値は 0 になることがわかる．したがって x_s の値を増加させるときの限界値は，$\bar{a}_{is} > 0$ であるような i のうち，$\bar{b}_i/\bar{a}_{is}$ の値の最小のものにより規定されることになる．すなわち，現在の基底変数の値を負にしないような x_s の最大の増加量は

$$\min_{\bar{a}_{is} > 0} \frac{\bar{b}_i}{\bar{a}_{is}} = \frac{\bar{b}_r}{\bar{a}_{rs}} = \theta \tag{2.42}$$

で与えられる．このとき，対応する基底変数 x_r の値は 0 となり，x_r は非基底変数になるのに対して，x_s の値は $\bar{b}_r/\bar{a}_{rs} = \theta \ (\geqq 0)$ となり，基底変数になるので，目的関数 z の値は (2.37) の最後の式より，$|\bar{c}_s x_s| = |\bar{c}_s \theta|$ だけ減少する．

これまでの考察により，x_s を基底に入れる代わりに x_r を基底から出す新たな実行可能基底解が存在し，目的関数 z の値が $|\bar{c}_s \theta|$ だけ減少することがわかった．

さて，実行可能正準形 (2.28) において，x_s を基底に入れる代わりに，x_r を基底から出すことによって得られる新たな実行可能正準形を求めるためには，実行

可能正準形の r 番目の式の両辺を $\bar{a}_{rs}$ (>0) で割って，得られた r 番目の式を用いて，残りのすべての等式から x_s を消去すればよい．

線形計画法では，このような新たな実行可能正準形を求めるための手順をピボット操作とよび，$\bar{a}_{rs}$ をピボット項 とよぶ．線形計画法における基本演算であるピボット操作の手順は次のように表される．

ピボット操作

ピボット操作は，連立1次方程式の指定された変数の係数を，ある1つの式においてのみ1とし，残りの式では0にするような連立1次方程式の等価変換で，線形計画法の基本演算である．手順は次のとおりである．

(1) r 行 (式) s 列におけるピボット項とよばれる項 a_{rs} $(\neq 0)$ を選ぶ．

(2) r 番目の式の両辺を a_{rs} で割る．

(3) r 番目の式を除く残りのすべての等式から，(2) によって得られた新しい r 番目の式に a_{is} を掛けた式を引く．

線形計画法においては，ピボット操作はサイクルという名称で，その回数が数えられる．

さて，実行可能正準形

$$
\left.
\begin{array}{llllllll}
x_1 & & & + \bar{a}_{1,m+1}x_{m+1} + \cdots + \bar{a}_{1s}x_s + \cdots + \bar{a}_{1n}x_n = \bar{b}_1 \\
& x_2 & & + \bar{a}_{2,m+1}x_{m+1} + \cdots + \bar{a}_{2s}x_s + \cdots + \bar{a}_{2n}x_n = \bar{b}_2 \\
& & & \cdots\cdots\cdots\cdots\cdots\cdots \\
& & x_r & + \bar{a}_{r,m+1}x_{m+1} + \cdots + \bar{a}_{rs}x_s + \cdots + \bar{a}_{rs}x_n = \bar{b}_r \\
& & & \cdots\cdots\cdots\cdots\cdots\cdots \\
& & \quad x_m & + \bar{a}_{m,m+1}x_{m+1} + \cdots + \bar{a}_{ms}x_s + \cdots + \bar{a}_{mn}x_n = \bar{b}_m \\
& & -z + & \bar{c}_{m+1}x_{m+1} + \cdots + \bar{c}_s x_s + \cdots + \bar{c}_n x_n = -\bar{z}
\end{array}
\right\}
\tag{2.43}
$$

$(\bar{b}_i \geqq 0,\ i = 1, 2, \ldots m)$ に対して，$\bar{a}_{rs} \neq 0$ をピボット項としてピボット操作を行って得られる新たな実行可能正準形を，得られた係数に * をつけて

$$\left.\begin{array}{llllllll}
x_1 & & + \bar{a}^*_{1r}x_r & & + \bar{a}^*_{1,m+1}x_{m+1} + \cdots + 0 + \cdots + & \bar{a}^*_{1n}x_n = & \bar{b}^*_1 \\
 & x_2 & + \bar{a}^*_{2r}x_r & & + \bar{a}^*_{2,m+1}x_{m+1} + \cdots + 0 + \cdots + & \bar{a}^*_{2n}x_n = & \bar{b}^*_2 \\
 & & \cdots\cdots\cdots & \cdots\cdots\cdots & \cdots\cdots\cdots\cdots\cdots\cdots & & \\
 & & \bar{a}^*_{rr}x_r & & + \bar{a}^*_{r,m+1}x_{m+1} + \cdots + x_s + \cdots + & \bar{a}^*_{rs}x_n = & \bar{b}^*_r \\
 & & \cdots\cdots\cdots & \cdots\cdots\cdots & \cdots\cdots\cdots\cdots\cdots\cdots & & \\
 & & \bar{a}^*_{mr}x_r & + x_m & + \bar{a}^*_{m,m+1}x_{m+1} + \cdots + 0 + \cdots + & \bar{a}^*_{mn}x_n = & \bar{b}^*_m \\
 & & \bar{c}^*_r x_r & -z + & \bar{c}^*_{m+1}x_{m+1} + \cdots + 0 + \cdots + & \bar{c}^*_n x_n = & -\bar{z}^*
\end{array}\right\} \tag{2.44}$$

と表せば，ピボット操作により，次の関係が成立していることがわかる．

$$\bar{a}^*_{rj} = \frac{\bar{a}_{rj}}{\bar{a}_{rs}}, \quad \bar{b}^*_r = \frac{\bar{b}_r}{\bar{a}_{rs}} \tag{2.45}$$

$$\bar{a}^*_{ij} = \bar{a}_{ij} - \bar{a}_{is}\frac{\bar{a}_{rj}}{\bar{a}_{rs}}, \quad \bar{b}^*_i = \bar{b}_i - \bar{a}_{is}\frac{\bar{b}_r}{\bar{a}_{rs}}, \; i = 1, 2, \ldots, m; \; i \neq r \tag{2.46}$$

$$\bar{c}^*_j = \bar{c}_j - \bar{c}_s\frac{\bar{a}_{rj}}{\bar{a}_{rs}}, \quad -\bar{z}^* = -\bar{z} - \bar{c}_s\frac{\bar{b}_r}{\bar{a}_{rs}} \tag{2.47}$$

ここで，変数 $x_1, x_2, \ldots, x_{r-1}, x_s, x_{r+1}, \ldots, x_m$ を基底変数とする正準形 (2.44) が実行可能正準形になることは，(2.42) でピボット項 $\bar{a}_{rs} > 0$ を定めることに基づいているが，$\bar{b}_i \geqq 0, \bar{a}_{rs} > 0$ であることに注意すれば，次のように示すことができる．

まず $\bar{b}^*_r = \bar{b}_r/\bar{a}_{rs} \geqq 0$ である．$\bar{a}_{is} > 0$ である i $(\neq r)$ に対しては

$$\bar{b}^*_i = \bar{b}_i - \frac{\bar{a}_{is}}{\bar{a}_{rs}}\bar{b}_r = \bar{a}_{is}\left(\frac{\bar{b}_i}{\bar{a}_{is}} - \frac{\bar{b}_r}{\bar{a}_{rs}}\right) \geqq 0 \quad \text{((2.42) より)}$$

となり，さらに，$\bar{a}_{is} \leqq 0$ である i $(\neq r)$ に対しては

$$\bar{b}^*_i = \bar{b}_i - \frac{\bar{a}_{is}}{\bar{a}_{rs}}\bar{b}_i \geqq \bar{b}_i \geqq 0$$

となる．したがって，すべての $\bar{b}^*_i \geqq 0$ となり，(2.44) は実行可能正準形である．

ここで，x_r の代わりに x_s を基底に入れる $\bar{a}_{rs}$ に関するピボット操作を一般的に要約すれば，表 2.3 のようになる．

実行可能正準形から出発して，ピボット操作によって実行可能正準形を次々に更新して，最適性規準をみたす最小値を見つけるか，あるいは最小値が有界でないという情報を得るというシンプレックス法の手順は次のようになる．

表 **2.3**　$\bar{a}_{rs}$ に関するピボット操作

サイクル	基底	x_1	$\cdots$	x_r	$\cdots$	x_m	x_{m+1}	$\cdots$	x_s	$\cdots$	x_n	定数
	x_1	1					$\bar{a}_{1,m+1}$	$\cdots$	$\bar{a}_{1s}$	$\cdots$	$\bar{a}_{1n}$	$\bar{b}_1$
	$\vdots$		$\ddots$				$\vdots$		$\vdots$		$\vdots$	$\vdots$
ℓ	x_r			1			$\bar{a}_{r,m+1}$	$\cdots$	$[\bar{a}_{rs}]$	$\cdots$	$\bar{a}_{rn}$	$\bar{b}_r$
	$\vdots$				$\ddots$		$\vdots$		$\vdots$		$\vdots$	$\vdots$
	x_m					1	$\bar{a}_{m,m+1}$	$\cdots$	$\bar{a}_{ms}$	$\cdots$	$\bar{a}_{mn}$	$\bar{b}_m$
	$-z$						$\bar{c}_{m+1}$	$\cdots$	$\bar{c}_s$	$\cdots$	$\bar{c}_n$	$-\bar{z}$
	x_1	1		$\bar{a}^*_{1r}$			$\bar{a}^*_{1,m+1}$	$\cdots$	0	$\cdots$	$\bar{a}^*_{1n}$	$\bar{b}^*_1$
	$\vdots$		$\ddots$				$\vdots$		$\vdots$		$\vdots$	$\vdots$
$\ell+1$	x_s			$\bar{a}^*_{rr}$			$\bar{a}^*_{r,m+1}$	$\cdots$	1	$\cdots$	$\bar{a}^*_{rn}$	$\bar{b}^*_r$
	$\vdots$				$\ddots$		$\vdots$		$\vdots$		$\vdots$	$\vdots$
	x_m			$\bar{a}^*_{mr}$		1	$\bar{a}^*_{m,m+1}$	$\cdots$	0	$\cdots$	$\bar{a}^*_{mn}$	$\bar{b}^*_m$
	$-z$			$\bar{c}^*_r$	$\cdots$		$\bar{c}^*_{m+1}$	$\cdots$	0	$\cdots$	$\bar{c}^*_n$	$-\bar{z}^*$

$$\bar{a}^*_{rj} = \frac{\bar{a}_{rj}}{\bar{a}_{rs}}, \quad \bar{b}^*_r = \frac{\bar{b}_r}{\bar{a}_{rs}}, \quad \bar{a}^*_{ij} = \bar{a}_{ij} - \bar{a}_{is}\frac{\bar{a}_{rj}}{\bar{a}_{rs}} = \bar{a}_{ij} - \bar{a}_{is}\bar{a}^*_{rj} \ (i \neq r)$$

$$\bar{b}^*_i = \bar{b}_i - \bar{a}_{is}\frac{\bar{b}_r}{\bar{a}_{rs}} = \bar{b}_i - \bar{a}_{is}\bar{b}^*_r \ (i \neq r), \quad \bar{c}^*_j = \bar{c}_j - \bar{c}_s\frac{\bar{a}_{rj}}{\bar{a}_{rs}} = \bar{c}_j - \bar{c}_s\bar{a}^*_{rj}$$

$$-\bar{z}^* = -\bar{z} - \bar{c}_s\frac{\bar{b}_r}{\bar{a}_{rs}} = -\bar{z} - \bar{c}_s\bar{b}^*_r$$

シンプレックス法の手順

はじめに実行可能正準形が与えられているとする.

手順 1　すべての相対費用係数 $\bar{c}_j \geqq 0$ であれば，最適解を得て終了．そうでなければ，相対費用係数 $\bar{c}_j$ を用いて

$$\min_{\bar{c}_j<0} \bar{c}_j = \bar{c}_s$$

となる添字 s を求める.

手順 2　すべての $\bar{a}_{is} \leqq 0$ ならば，最小値が有界でないという情報を得て終了.

手順 3　$\bar{a}_{is}$ に正のものがあれば

$$\min_{\bar{a}_{is}>0} \frac{\bar{b}_i}{\bar{a}_{is}} = \frac{\bar{b}_r}{\bar{a}_{rs}} = \theta$$

となる添字 r を求める．

手順 4　$\bar{a}_{rs}$ に関するピボット操作を行って，x_r の代わりに x_s を基底変数とする実行可能正準形を求める．このとき新しい正準形における係数の値は * をつけて表せば次のようになる．

(1)　r 行 (式) の両辺を $\bar{a}_{rs}$ で割る．すなわち

$$\bar{a}^*_{rj} = \frac{\bar{a}_{rj}}{\bar{a}_{rs}}, \quad \bar{b}^*_r = \frac{\bar{b}_r}{\bar{a}_{rs}}$$

(2)　$i = r$ を除く各 $i = 1, 2, \ldots, m$ 行 (式) から，(1) で得られた r 行 (式) に $\bar{a}_{is}$ を掛けたものを引く．すなわち

$$\bar{a}^*_{ij} = \bar{a}_{ij} - \bar{a}_{is}\bar{a}^*_{rj}, \quad \bar{b}^*_i = \bar{b}_i - \bar{a}_{is}\bar{b}^*_r$$

(3)　目的関数の行（$m+1$ 行）(式) から，(1) で得られた r 行 (式) に $\bar{c}_s$ を掛けたものを引く．すなわち

$$\bar{c}^*_j = \bar{c}_j - \bar{c}_s\bar{a}^*_{rj}, \quad -\bar{z^*} = -\bar{z} - \bar{c}_s\bar{b}^*_r$$

手順 1 へもどる．

ここで，手順 1 や手順 3 で，最小値を与える s や r が複数個存在するときには，便宜上最小の添字のものを選ぶことにする．

例 2.5　（**例 1.1** の生産計画の問題に対するシンプレックス法）

例 1.1 の生産計画の問題の標準形

$$\begin{array}{lllll}
\text{minimize} & z = -3x_1 - 8x_2 & & & \\
\text{subject to} & 2x_1 + 6x_2 + x_3 & & & = 27 \\
 & 3x_1 + \ \ 2_2 & + x_4 & & = 16 \\
 & 4x_1 + \ \ x_2 & & + x_5 & = 18 \\
 & x_j \geqq 0, \quad j = 1, 2, 3, 4, 5 & & &
\end{array}$$

にシンプレックス法を適用してみよう．

スラック変数 x_3, x_4, x_5 を基底変数に選べば，最初の実行可能基底解

$$x_1 = x_2 = 0, \quad x_3 = 27, \quad x_4 = 16, \quad x_5 = 18$$

を得るが，これは表 2.4 のタブローのサイクル 0 の位置に示されている．

サイクル 0 において

$$\min(-3, -8) = -8 < 0$$

であるので，x_2 が新しい基底変数になる．次に

表 **2.4** 例 1.1 のシンプレックス・タブロー

サイクル	基底	x_1	x_2	x_3	x_4	x_5	定数
0	x_3	2	[6]	1			27
	x_4	3	2		1		16
	x_5	4	1			1	18
	$-z$	-3	-8				0
1	x_2	1/3	1	1/6			4.5
	x_4	[7/3]		$-1/3$	1		7
	x_5	11/3		$-1/6$		1	13.5
	$-z$	$-1/3$		4/3			36
2	x_2		1	3/14	$-1/7$		3.5
	x_1	1		1/7	3/7		3
	x_5			5/14	$-11/7$	1	2.5
	$-z$			9/7	1/7		37

$$\min\left(\frac{27}{6}, \frac{16}{2}, \frac{18}{1}\right) = \frac{27}{6} = 4.5$$

となるので，x_3 が非基底変数となり，サイクル 0 の [ ] で囲まれた 6 がピボット項になるので，ピボット操作をすれば，サイクル 1 の結果を得る．

サイクル 1 において，負の相対費用係数は $-1/3$ だけであるので，x_1 が基底変数となる．さらに

$$\min\left(\frac{4.5}{1/3}, \frac{7}{7/3}, \frac{13.5}{11/3}\right) = \frac{7}{7/3} = 3$$

となるので，サイクル 1 の [ ] で囲まれた 7/3 がピボット項となり，ピボット操作をすれば，サイクル 2 の結果を得る．サイクル 2 の相対費用係数はすべて正となるので，最適解

$$x_1 = 3,\ x_2 = 3.5\ (x_3 = x_4 = 0, x_5 = 2.5), \quad \min z = -37$$

を得る．得られた最適解は，図 1.1 の端点 D に対応していることがわかる． ■

例 **2.6** （複数個の最適解が存在する例）

複数個の最適解が存在するような線形計画問題の例を示すために，例 1.1 の目的関数の x_1 の係数を 1，x_2 の係数を 3 に変更した次の問題を考えてみよう．

表 **2.5** 複数個の最適解が存在するシンプレックス・タブロー

サイクル	基底	x_1	x_2	x_3	x_4	x_5	定数
0	x_3	2	[6]	1			27
	x_4	3	2		1		16
	x_5	4	1			1	18
	$-z$	−1	−3				
1	x_2	1/3	1	1/6			4.5
	x_4	[7/3]		−1/3	1		7
	x_5	11/3		−1/6		1	13.5
	$-z$	0		1/2			13.5
2	x_2		1	3/14	−1/7		3.5
	x_1	1		−1/7	3/7		3
	x_5			5/14	−11/7	1	2.5
	$-z$			1/2	0		13.5

$$
\begin{array}{lrcl}
\text{minimize} & z = -x_1 - 3x_2 & & \\
\text{subject to} & 2x_1 + 6x_2 + x_3 & = & 27 \\
& 3x_1 + 2x_2 \qquad + x_4 & = & 16 \\
& 4x_1 + \ x_2 \qquad\qquad + x_5 & = & 18 \\
& x_j \geqq 0, \quad j = 1,2,3,4,5 & &
\end{array}
$$

シンプレックス法を実行すれば，表 2.5 のサイクル 1 で最適解

$$x_1 = 0,\ x_2 = 4.5\ (x_3 = 0, x_4 = 7, x_5 = 13.5), \quad \min z = -13.5$$

が得られるが，非基底変数 x_1 の相対費用係数は 0 である．このことは x_1 の値を正にしても制約式がみたされれば，目的関数の値は変化しないことを意味している．そこで x_4 の代わりに x_1 を基底に入れると，サイクル 2 でサイクル 1 と同じ目的関数値を与える別の最適解

$$x_1 = 3, x_2 = 3.5\ (x_3 = x_4 = 0, x_5 = 2.5), \quad \min z = -13.5$$

が得られる．ここで，サイクル 1 とサイクル 2 の最適解は，それぞれ図 1.1 の端点 E と D に対応しており，線分 ED 上の任意の点はすべて最適解となることに注意しよう． ■

2.4 2 段 階 法

これまで，初期の実行可能正準形から出発して，ピボット操作によって実行可能正準形を次々と更新して最小値を見つけるか，あるいは最小値が有界でないという情報を得るというシンプレックス法について考察してきた．

本節では，初期の実行可能正準形が得られていない場合に，どのようにして，初期の実行可能基底解を求めるのか，あるいは存在しないという情報を得るのかについて考えてみよう．

標準形の線形計画問題に対する，実行可能正準形の役割を果たすような連立1次方程式を作成するために，まず最初に，標準形の線形計画問題において，右辺に負の b_i があれば，その等式制約式の両辺に (-1) を掛けたものを b_i と再定義して，右辺の b_i の値をすべて非負になるように変更してみよう．このようにして，すべての右辺定数 b_i が非負になるように変更された問題の m 個の等式制約式に対して，m 個の非負の変数 $x_{n+1}, x_{n+2}, \ldots, x_{n+m}$ を導入すれば，標準形の線形計画問題は形式的に次のような正準形に変換することができる．

連立1次方程式

$$\left.\begin{array}{llllllll} a_{11}x_1 + & a_{12}x_2 + \cdots + & a_{1n}x_n & +x_{n+1} & & & & = b_1 \ (\geqq 0) \\ a_{21}x_1 + & a_{22}x_2 + \cdots + & a_{2n}x_n & & +x_{n+2} & & & = b_2 \ (\geqq 0) \\ & \cdots\cdots\cdots\cdots\cdots\cdots & & & & & & \\ a_{m1}x_1 + & a_{m2}x_2 + \cdots + & a_{mn}x_n & & & +x_{n+m} & & = b_m \ (\geqq 0) \\ c_1x_1 + & c_2x_2 + \cdots + & c_nx_n & & & & -z & = \ 0 \end{array}\right\} \tag{2.48}$$

と非負条件 $x_j \geqq 0,\ j = 1, 2, \ldots, n, n+1, \ldots, n+m$ をみたし，目的関数 z の値を最小にする解を求めよ．

ここで，人為的に導入した非負の変数 $x_{n+1} \geqq 0, x_{n+2} \geqq 0, \ldots, x_{n+m} \geqq 0$ は，人為変数とよばれる

正準形 (2.48) において，人為変数 $x_{n+1}, x_{n+2}, \ldots, x_{n+m}$ を基底変数にとれば，最初の実行可能基底解は明らかに

$$x_1 = x_2 = \cdots = x_n = 0, \quad x_{n+1} = b_1 \geqq 0, \ldots, x_{n+m} = b_m \geqq 0 \tag{2.49}$$

となる．もちろん，このような実行可能基底解はもとの問題の実行可能解ではないが，(2.48) と非負条件をみたす実行可能基底解 $(x_1, \ldots, x_n, x_{n+1}, \ldots, x_{n+m})$ のうち，特に，すべての人為変数 $x_{n+i},\ i = 1, \ldots, m$ の値が 0 になるような実行可能基底解，すなわち $(\bar{x}_1, \ldots, \bar{x}_n, 0, \ldots, 0)$ となるような実行可能基底解が求まれば，$(\bar{x}_1, \bar{x}_2, \ldots, \bar{x}_n)$ は，明らかにもとの問題の実行可能基底解であることがわかる．したがって，(2.48) から出発して，シンプレックス法を用いて，人為変数の値をすべて 0 にすることができれば，もとの問題の最初の実行可能基底解が得られることになる．このような初期の実行可能基底解を求めるためには，人為変

数の和

$$w = x_{n+1} + x_{n+2} + \cdots + x_{n+m} \tag{2.50}$$

を目的関数として，等式制約式 (2.48) と変数に対する非負条件のもとで最小にすればよいことがわかる．すなわち，拡大連立 1 次方程式

$$\left.\begin{array}{llllll} a_{11}x_1+ a_{12}x_2+\cdots+ a_{1n}x_n+x_{n+1} & & & & =b_1 & (\geqq 0) \\ a_{21}x_1+ a_{22}x_2+\cdots+ a_{2n}x_n & +x_{n+2} & & & =b_2 & (\geqq 0) \\ \cdots\cdots\cdots\cdots & & & & & \\ a_{m1}x_1+a_{m2}x_2+\cdots+a_{mn}x_n & & +x_{n+m} & & =b_m & (\geqq 0) \\ c_1x_1+ c_2x_2+\cdots+ c_nx_n & & & -z & =0 & \\ & x_{n+1}+x_{n+2}+\cdots+x_{n+m} & & -w & =0 & \end{array}\right\} \tag{2.51}$$

と，すべての変数に対する非負条件 $x_1 \geqq 0, x_2 \geqq 0, \ldots, x_n \geqq 0, x_{n+1} \geqq 0, \ldots, x_{n+m} \geqq 0$ をみたし，目的関数 w の値を最小にする解を求めればよい[*4)]．

ここで，人為変数の値はすべて非負なので，このような人為変数の和 w の最小値は明らかに 0 以上となるが，特に w の最小値が 0 であれば，最適解における人為変数の値はすべて 0 になっている．逆に，もとの問題に実行可能解が存在するときには，明らかに人為変数の和を最小にする問題 (2.51) において，すべての人為変数の値が 0 となるような実行可能解が存在することになる．しかし，もし $w > 0$ となれば，すべての人為変数の値を 0 にすることはできないので，もとの問題には実行可能解が存在しないことになる．

w の最小値をシンプレックス法で求めて初期の実行可能基底解を得るためには，拡大連立方程式 (2.51) における $-w$ の行を現在の非基底変数 $x_1, x_2, \ldots, x_n$ で表して，$-w$ の行も含めた正準形にしなければならない．

w を非基底変数 $x_1, x_2, \ldots, x_n$ で表すために，(2.48) より得られる m 個の関係式

$$x_{n+i} = b_i - a_{i1}x_1 - a_{i2}x_2 - \cdots - a_{in}x_n, \quad i = 1, 2, \ldots, m$$

の和をとって整理すれば

$$w = \sum_{i=1}^{m} x_{n+i} = \sum_{i=1}^{m}\left(b_i - \sum_{j=1}^{n} a_{ij}x_j\right) = \sum_{i=1}^{m} b_i - \sum_{j=1}^{n}\left(\sum_{i=1}^{m} a_{ij}\right)x_j \tag{2.52}$$

---

*4) もとの制約式に最初の実行可能基底解の一部として使える変数があれば，人為変数よりもこれらの変数を用いたほうが得策である．

となることがわかる．ここで

$$w_0 = \sum_{i=1}^{m} b_i \ (\geqq 0), \quad d_j = -\sum_{i=1}^{m} a_{ij}, \quad j = 1, 2, \ldots, n \tag{2.53}$$

とおけば，$-w$ の行は

$$-w + d_1 x_1 + d_2 x_2 + \cdots + d_n x_n = -w_0 \tag{2.54}$$

のように簡潔に表されることになる．

したがって，拡大連立 1 次方程式 (2.51) は，人為変数 $x_{n+1}, x_{n+2}, \ldots, x_{n+m}$ を基底変数とする目的関数 w に関する実行可能正準形

$$\left.\begin{array}{llllllll}
a_{11}x_1 + & a_{12}x_2 + \cdots + & a_{1n}x_n & + x_{n+1} & & & & = b_1 \ (\geqq 0) \\
a_{21}x_1 + & a_{22}x_2 + \cdots + & a_{2n}x_n & & + x_{n+2} & & & = b_2 \ (\geqq 0) \\
 & \cdots\cdots\cdots\cdots & & & & & & \\
a_{m1}x_1 + & a_{m2}x_2 + \cdots + & a_{mn}x_n & & & + x_{n+m} & & = b_m \ (\geqq 0) \\
c_1 x_1 + & c_2 x_2 + \cdots + & c_n x_n & & & & -z & = 0 \\
d_1 x_1 + & d_2 x_2 + \cdots + & d_n x_n & & & & -w & = -w_0
\end{array}\right\} \tag{2.55}$$

に変換されるので，シンプレックス法を適用することが可能となる．ここで

$$\bar{d}_s = \min_{\bar{d}_j < 0} \ \bar{d}_j \tag{2.56}$$

$$\frac{\bar{b}_r}{\bar{a}_{rs}} = \min_{\bar{a}_{is} > 0} \ \frac{\bar{b}_i}{\bar{a}_{is}} \tag{2.57}$$

によってピボット項 $\bar{a}_{rs}$ (> 0) を定めて，ピボット操作を行って w を最小にすることができる．このとき

$$\bar{d}_j \geqq 0, \quad j = 1, \ldots, n, n+1, \ldots, n+m; \quad w = 0 \tag{2.58}$$

となれば，人為変数の値はすべて 0 となり，もとの問題の最初の実行可能基底解が得られることになる．このとき，もしすべての人為変数が基底から出て非基底変数になっていれば，もとの問題の実行可能正準形が得られたことになるので，w と人為変数をすべて除去して，z を目的関数とするシンプレックス法により，本来の目的関数である z の最小化を行えばよい．

ここで，w を最小にする段階を**第 1 段階**とよび，第 1 段階に続いて z を最小にする段階を**第 2 段階**とよべば，第 1 段階は実行可能性を判定し，第 2 段階は最適性を判定するものであるといえる．

ところが第 1 段階の最適解が得られて $w = 0$ であっても，人為変数が基底に

残っていることがある（もちろんその値は0である）．このような場合には，人為変数が基底に残っているので，残念ながらもとの問題の実行可能正準形は得られていないが，次に述べる議論により，人為変数を基底に残したまま目的関数を w から z に変更して，第2段階を実行することが可能となる．

第1段階の最適タブローの $-w$ の行に注目すれば，$x_j \geqq 0, j=1,\ldots,n+m$ より，$w=0$ であるためには，$\bar{d}_j>0$ である x_j がすべて0であることが必要かつ十分である．ここで，$\bar{d}_j>0$ である x_j は現在非基底変数でその値は0であるが，以後のピボット操作で基底に入って w の値を正にする可能性がある．このようなことを阻止して問題の実行可能性を保持するためには，$\bar{d}_j>0$ である x_j の値を0に保つこと，すなわち，$\bar{d}_j>0$ である x_j の列をすべて除去すればよいことになる．したがって，基底から出た人為変数の列と，第1段階の最適タブローで $\bar{d}_j>0$ である x_j の列をすべて除去すれば，目的関数を w から z に変更して第2段階を実行しても，w の値が正になることはありえないので，基底に残っている人為変数の値も正になることはない．すなわち，もとの問題の実行可能性が保持されることになる．したがって，第1段階の最適解を求めて $w=0$ であれば，人為変数の列と $\bar{d}_j>0$ である x_j の列をすべて除去し，目的関数を z に変更して，第2段階を実行すれば，最適解あるいは解が有界ではないという情報が得られる．このように2段階に分けて線形計画問題を解く方法を2段階シンプレックス法あるいは単に**2段階法**という．

ところで，人為変数は一度基底から出ると不要になるので，その列はタブローから除くことができる．また，基底に入っているときには，その列は単位ベクトルで不変であるので，特に記録しておく必要もない．したがって，人為変数の列は，はじめからタブローに書き込む必要はないし，計算する必要もないことになる．一方，目的関数 z は，$w=0$ になった時点で，w から z に変更するとき，z をそのときの非基底変数で表さなければならない．しかし，最初から $-z$ の行も含めてピボット操作を行っておけば，つねに $-z$ の行も含めた実行可能正準形になっていることがわかる．

これまでの議論に基づいて2段階法の手順を示すと，次のようになる．

2段階法の手順

第1段階　表2.6のタブローから，シンプレックス法を実行する．ただし，$-w$ の行を目的関数の行として，$-z$ の行からはピボット項を選ばないが，ピボット操作は行う．最適タブローが得られたときに，$w>0$ であれば，もとの問題に実行可能解が存在しないという情報を得て終了する．$w=0$

であれば第 2 段階に進む.

第 2 段階 $\bar{d}_j > 0$ である x_j の列をすべて除去する. $-w$ の行を除去して, $-z$ の行を目的関数の行として, シンプレックス法を実行する.

表 **2.6** 2 段階法の初期タブロー

基底	x_1	x_2	$\cdots$	x_j	$\cdots$	x_n	定数
x_{n+1}	a_{11}	a_{12}	$\cdots$	a_{1j}	$\cdots$	a_{1n}	b_1
x_{n+2}	a_{21}	a_{22}	$\cdots$	a_{2j}	$\cdots$	a_{2n}	b_2
$\vdots$	$\vdots$	$\vdots$		$\vdots$		$\vdots$	$\vdots$
x_{n+i}	a_{i1}	a_{i2}	$\cdots$	a_{ij}	$\cdots$	a_{in}	b_i
$\vdots$	$\vdots$	$\vdots$		$\vdots$		$\vdots$	$\vdots$
x_{n+m}	a_{m1}	a_{m2}	$\cdots$	a_{mj}	$\cdots$	a_{mn}	b_m
$-z$	c_1	c_2	$\cdots$	c_j	$\cdots$	c_n	0
$-w$	d_1	d_2	$\cdots$	d_j	$\cdots$	d_n	$-w_0$

$d_j = -\sum_{i=1}^{m} a_{ij}, \quad -w_0 = -\sum_{i=1}^{m} b_i$

例 **2.7** (**2** 変数 **3** 制約の栄養の問題に対する **2** 段階法)

例 2.3 の栄養の問題の標準形

$$
\begin{array}{lrcl}
\text{minimize} & z = 4x_1 + 3x_2 & & \\
\text{subject to} & x_1 + 3x_2 - x_3 & & = 12 \\
 & x_1 + 2x_2 \quad - x_4 & & = 10 \\
 & 2x_1 + \ x_2 \quad\quad - x_5 & & = 15 \\
 & x_j \geqq 0, \quad j = 1, 2, 3, 4, 5 & &
\end{array}
$$

に 2 段階法を適用してみよう.

人為変数 x_6, x_7, x_8 を導入して基底変数に選び, 表 2.7 のサイクル 0 から第 1 段階を開始すれば, サイクル 3 で $w = 0$ となり第 1 段階が終了する. 本例では, サイクル 3 での第 1 段階の終了と同時に, サイクル 3 の $-z$ の行の相対費用係数もすべて正となり, 最適解

$$x_1 = 6.6,\ x_2 = 1.8\ \left(x_3 = 0, x_4 = 0.2, x_5 = 0\right), \quad \min z = 31.8$$

が得られる. ■

表 **2.7**　例 2.3 の 2 段階法によるシンプレックス・タブロー

サイクル	基底	x_1	x_2	x_3	x_4	x_5	定数
0	x_6	1	[3]	-1			12
	x_7	1	2		-1		10
	x_8	2	1			-1	15
	$-z$	4	3				0
	$-w$	-4	-6	1	1	1	-37
1	x_2	1/3	1	$-1/3$			4
	x_7	[1/3]		2/3	-1		2
	x_8	5/3		1/3		-1	11
	$-z$	3		1			-12
	$-w$	-2		-1	1	1	-13
2	x_2		1	-1	1		2
	x_1	1		2	-3		6
	x_8			-3	[5]	-1	1
	$-z$			-5	9		-30
	$-w$			3	-5	1	-1
3	x_2		1	-0.4		0.2	1.8
	x_1	1		0.2		-0.6	6.6
	x_4			-0.6	1	-0.2	0.2
	$-z$			0.4		1.8	-31.8
	$-w$			0		0	0

例 **2.8**（実行可能解の存在しない **2** 変数 **4** 制約の例）

実行可能解の存在しない例として，例 2.7 の栄養の問題の標準形に不等式制約式

$$4x_1 + 5x_2 \leqq 8$$

を付け加えた問題を考えてみよう．

この不等式制約式にスラック変数 x_6 を導入して，標準形の線形計画問題に変換すれば

$$\begin{array}{lrl}
\text{minimize} & z = & 4x_1 + 3x_2 \\
\text{subject to} & & x_1 + 3x_2 - x_3 = 12 \\
 & & x_1 + 2x_2 - x_4 = 10 \\
 & & 2x_1 + x_2 - x_5 = 15 \\
 & & 4x_1 + 5x_2 + x_6 = 8 \\
 & & x_j \geqq 0, \quad j = 1, 2, 3, 4, 5, 6
\end{array}$$

表 **2.8** 実行可能解の存在しないシンプレックス・タブロー

サイクル	基底	x_1	x_2	x_3	x_4	x_5	x_6	定数
0	x_7	1	3	−1				12
	x_8	1	2		−1			10
	x_9	2	1			−1		15
	x_6	4	[5]				1	8
	$-z$	4	3					0
	$-w$	−4	−6	1	1	1		−37
1	x_7	−1.4		−1			−0.6	7.2
	x_8	−0.6			−1		−0.4	6.8
	x_9	1.2				−1	−0.2	13.4
	x_2	0.8	1				0.2	1.6
	z	1.6					−0.6	−4.8
	$-w$	0.8		1	1	1	1.2	−27.4

となる．

そこで，スラック変数 x_6 と人為変数 x_7, x_8, x_9 を基底とする最初の実行可能基底解からシンプレックス法を実行すると，表 2.8 のサイクル 1 で第 1 段階が終了する．しかし，このときの第 1 段階の目的関数の値は $w = 27.4 > 0$ となるので，この問題には実行可能解が存在しないことがわかる．

ここで，サイクル 0 でスラック変数 x_6 を基底変数として利用しているので，$-w$ の行は人為変数 x_7, x_8, x_9 の行のみで計算されることに注意しよう． ■

例 **2.9** （人為変数が基底に残る **4** 変数 **3** 制約の例）

人為変数が基底に残る例として，次の問題を考えてみよう．

$$
\begin{array}{lrl}
\text{minimize} & z = & 3x_1 + x_2 + 2x_3 \\
\text{subject to} & & x_1 + x_2 + x_3 = 10 \\
& & 3x_1 + x_2 + 4x_3 - x_4 = 30 \\
& & 4x_1 + 3x_2 + 3x_3 + x_4 = 40 \\
& & x_j \geqq 0, \quad j = 1, 2, 3, 4
\end{array}
$$

人為変数 x_5, x_6, x_7 を基底とする最初の実行可能基底解からシンプレックス法を実行すると，表 2.9 のサイクル 1 で $w = 0$ となり第 1 段階が終了するが，人為変数 x_6, x_7 はまだ基底に残っている．

ここで，$\bar{d}_2 = 3 > 0$ であるので，x_2 の列と $-w$ の行を除去してシンプレックス法を実行するとサイクル 3 の最適解

表 **2.9** 人為変数が基底に残る例

サイクル	基底	x_1	x_2	x_3	x_4	定数
0	x_5	[1]	1	1		10
	x_6	3	1	4	-1	30
	x_7	4	3	3	1	40
	$-z$	3	1	2	0	0
	$-w$	-8	-5	-8	0	-80
1	x_1	1	1	1		10
	x_6		-2	[1]	-1	0
	x_7		-1	-1	1	0
	$-z$	0	-2	-1	0	-30
	$-w$	0	3	0	0	0
2	x_1	1			[1]	10
	x_3			1	-1	0
	x_7					0
	$-z$	0		0	-1	-30
3	x_4	1			1	10
	x_3	1		1		10
	x_7					0
	$-z$	1		0	0	-20

$$x_1 = 0,\ x_2 = 0,\ x_3 = 10,\ x_4 = 10,\ (x_5 = 0, x_6 = 0, x_7 = 0) \quad \min z = 20$$

が得られる. ■

シンプレックス法では，退化が起こらなければ，ピボット操作によりある実行可能基底解から，目的関数の値を改善する次の実行可能基底が得られる．したがって，退化が起こらない場合の収束性はきわめて簡単である．

シンプレックス法の収束性（非退化の場合）

非退化の仮定のもとでは，シンプレックス法は有限回で終了する．

実際，実行可能基底解の数は，たかだか ${}_nC_m$ 個で有限個であるので，同じ実行可能基底解が繰り返して現れる場合にのみ，シンプレックス法は終了することができない．しかし非退化の仮定のもとでは，目的関数 z の値は前の値よりも必ず減少するので，同じ実行可能基底解が繰り返して現れることはなく，シンプレックス法は有限回で終了することがわかる．

1 個あるいはそれ以上の基底変数の値が 0 になるような実行可能解は退化しているといわれるが，ある正準形がすでに退化していることもあり，またピボット操作の結果，退化が起こることもある．ピボット操作において，(2.42) により基

底から取り出す x_r が一意的に決定されないで2つ以上現れる場合には退化が起こる[*5]．というのは，シンプレックス法の手順3において，たとえば

$$\min_{\bar{a}_{ij}>0} \frac{\bar{b}_i}{\bar{a}_{is}} = \theta = \frac{\bar{b}_{r_1}}{\bar{a}_{r_1 s}} = \frac{\bar{b}_{r_2}}{\bar{a}_{r_2 s}} \tag{2.59}$$

となれば，x_{r_1} と x_{r_2} は，いずれも基底から取り出される候補となるが，シンプレックス法の手順では，どちらか一方を基底から出し，他方は基底変数として残さなければならない．このとき，x_{r_1}, x_{r_2} のどちらを残したとしても，それらの新しい値は

$$\left.\begin{aligned} x_{r_1} &= \bar{b}_{r_1} - \bar{a}_{r_1 s}\theta = 0 \\ x_{r_2} &= \bar{b}_{r_2} - \bar{a}_{r_2 s}\theta = 0 \end{aligned}\right\} \tag{2.60}$$

となり，基底変数のうちの1つが必ず0になり，退化が起こってしまう．

退化が発生すれば，基底変数のいずれかの値が0になるが，解の実行可能性をそこなうものではないので，その意味では退化の発生自体は少しもさしつかえない．しかし，退化した基底変数は，その後のピボット操作で，基底から取り出される変数に選ばれる可能性があり，そのときの目的関数 z の値は減少しないことに注意しなければならない．しかし，基底変数の入れ替えにより，タブローの $\bar{a}_{ij}$ や $\bar{c}_j$ の値は変化するので，目的関数 z の値が減少しないサイクルがいくつあっても，最終的に最適解に到達できれば問題は生じない．ところが，退化しているために，ピボット操作を行っても目的関数 z の値は少しも減少せず，その後も，目的関数の減少をともなわないピボット操作が繰り返され，そのうちにまた出発点と同じ基底変数が現れ，あげくの果てには，いくつかの同じ基底変数が周期的に繰り返し現れる可能性がある．このような場合には，終わりのない無限ループに入り，永久に最適解には到達せず，シンプレックス法は巡回したといわれる．このような事態が発生するのはきわめて稀なことではあるが，人為的に作られた巡回の起こる例が示されており皆無とはいえない．

例 2.10 （退化が生じて巡回の起こる **Kuhn** の **7** 変数 **3** 制約の例）

退化が生じて巡回の起こる例として，H.W. Kuhn によって考察された次の問題について考えてみよう．

---

*5) 退化に関する本節の以下の議論はやや高度で特殊な内容なので，本書を最初に読む場合には省略しても差し支えない．

$$\begin{array}{lll} \text{minimize} & z = & -2x_4 - 3x_5 + x_6 + 12x_7 \\ \text{subject to} & & x_1 - 2x_4 - 9x_5 + x_6 + 9x_7 = 0 \\ & & x_2 + \frac{1}{3}x_4 + x_5 - \frac{1}{3}x_6 - 2x_7 = 0 \\ & & x_3 + 2x_4 + 3x_5 - x_6 - 12x_7 = 2 \\ & & x_j \geqq 0, \quad j = 1, 2, \ldots, 7 \end{array}$$

x_1, x_2, x_3 を最初の基底変数に選びシンプレックス法を実行すれば，表 2.10 のようになり，表 2.10 のサイクル 6 はサイクル 0 とまったく一致してしまい，巡回の起こることがわかる． ■

退化が生じても巡回を起こさないようにするために，$\bar{b}_i$ の値をほんのわずか正

表 **2.10** Kuhn による巡回の起こるシンプレックス・タブロー

サイクル	基底	x_1	x_2	x_3	x_4	x_5	x_6	x_7	定数
0	x_1	1			−2	−9	1	9	0
	x_2		1		1/3	[1]	−1/3	−2	0
	x_3			1	2	3	−1	−12	2
	$-z$				−2	−3	1	12	0
1	x_1	1	9		[1]		−2	−9	0
	x_5		1		1/3	1	−1/3	−2	0
	x_3		−3	1	1		0	−6	2
	$-z$		3		−1		0	6	0
2	x_4	1	9		1		−2	−9	0
	x_5	−1/3	−2			1	1/3	[1]	0
	x_3	−1	−12	1			2	3	2
	$-z$	1	12				−2	−3	0
3	x_4	−2	−9		1	9	[1]		0
	x_7	−1/3	−2			1	1/3	1	0
	x_3	0	−6	1		−3	1		2
	$-z$	0	6			3	−1		0
4	x_6	−2	−9		1	9	1		0
	x_7	1/3	[1]		−1/3	−2		1	0
	x_3	2	3	1	−1	−12			2
	$-z$	−2	−3		1	12			0
5	x_6	[1]			−2	−9	1	9	0
	x_2	1/3	1		−1/3	−2		1	0
	x_3	1		1	0	−6		−3	2
	$-z$	−1			0	6		3	0
6	x_1	1			−2	−9	1	9	0
	x_2		1		1/3	[1]	−1/3	−2	0
	x_3			1	2	3	−1	−12	2
	$-z$				−2	−3	1	12	0

のほうに動かして，$\bar{b}_i/\bar{a}_{is}$ が絶対に同じ値をとらないように修正する A. Charnes の**摂動法**や，数の大小関係をベクトル間の**辞書式順序** に一般化して，ピボット項を一意的に定める G.B. Dantzig の**辞書式順序規則**の，2 つのかなり手の込んだ大がかりな理論に裏づけられた方法が考案されてきた．もちろん，退化が生じて巡回が起こるかどうかは，シンプレックス法の手順 1 と手順 3 で，s, r が一意的に決定できない場合にどのように対処するかに依存しているが，1976 年に，R.G. Bland は，**最小添字規則**とよばれる簡単明瞭な巡回対策を提案した．シンプレックス法の手順 1 と手順 3 に s, r を一意的に決定するための簡単な最小添字規則を追加した，Bland の巡回対策を含めたシンプレックス法の手順は，次のように要約される．

Bland の巡回対策を含めたシンプレックス法の手順

手順 1B すべての相対費用係数 $\bar{c}_j \geqq 0$ であれば，最適解を得て終了．そうでなければ，$\bar{c}_j < 0$ であるすべての j のうち

$$\min\{j \mid \bar{c}_j < 0\} = s$$

となる添字 s を求める．すなわち，$\bar{c}_j < 0$ である j が 2 個以上存在すれば，j の値が最小のものを s とする．

手順 2 すべての $\bar{a}_{is} \leqq 0$ ならば，最小値が有界でないという情報を得て終了．

手順 3B $\bar{a}_{is}$ に正のものがあれば

$$\min_{\bar{a}_{is}>0} \frac{\bar{b}_i}{\bar{a}_{is}} = \frac{\bar{b}_r}{\bar{a}_{rs}} = \theta$$

となる添字 r を求める．ただし，もし最小値を与える i が 2 個以上あれば，その中で i の値が最小のものを r とする．

手順 4 $\bar{a}_{rs}$ に関するピボット操作を行って，x_r の代わりに x_s を基底変数とする正準形を求め，手順 1 へもどる．

手順 1B と手順 3B により，いかなる場合でも，添字 s, r を一意的に決定することができるので，この方法によって巡回が起こるとすれば，それは，ある定まった基底の集合の中を，定まった順序で永久に回り続けることになる．しかし Bland は，このような巡回は決して起こらないということを，背理法によってきわめて

初等的に証明した[*6)].

Bland の最小添字規則は，巡回対策のための簡単明瞭な規則として，理論的にはきわめて魅力的なものである．しかし，現実には，これまで半世紀以上にもわたってさまざまな実用的な問題が解かれてきたにもかかわらず，巡回が生じたという例は皆無であり，しかも，$\min_{\bar{c}_j<0} \bar{c}_j$ となる非基底変数を選ぶというこれまでのシンプレックス法に比べて，Bland の最小添字規則はより多くの繰り返しを要するという傾向があるので，実際の商用ソフトウェアでは，従来の規則が用いられているというのが現状であるといえよう．

シンプレックス法は，これまでの長年の経験によれば，標準形の線形計画問題に対して，主として制約式の数 m に依存して $2m$ から $3m$ の繰り返しで終了し，さらに m の値を固定すれば，変数の数 n に比例するくらいの繰り返しで終了することが知られている．このことは，問題の規模が大きくなっても，それにともなうシンプレックス法の計算量の増大は比較的少なく，実用上きわめて望ましい手法であるといえよう．

例 2.11 (**Kuhn** の例に対する **Bland** の巡回対策を含めたシンプレックス法)

Kuhn による例に対して，Bland の巡回対策を含めたシンプレックス法を適用すれば，わずか 2 回のピボット操作により表 2.11 の結果が得られる．表 2.11 のサイクル 2 で退化が終わるとともに最適解

$$x_1 = 2, x_2 = 0, x_3 = 0, x_4 = 2, x_5 = 0, x_6 = 2, x_7 = 0, \quad \min z = -2$$

を得る． ■

表 **2.11** Bland の巡回対策によるシンプレックス・タブロー

サイクル	基底	x_1	x_2	x_3	x_4	x_5	x_6	x_7	定数
0	x_1	1			−2	−9	1	9	0
	x_2		1		[1/3]	1	−1/3	−2	0
	x_3			1	2	3	−1	−12	2
	$-z$				−2	−3	1	12	0
1	x_1	1	6			−3	−1	−3	0
	x_4		3		1	3	−1	−6	0
	x_3		−6	1		−3	[1]	0	2
	$-z$		6			3	−1	0	0
2	x_1	1	0	1		−6		−3	2
	x_4		−3	1	1	0		−6	2
	x_6		−6	1		−3	1	0	2
	$-z$		0	1		0		0	2

*6) 証明に興味のある読者は章末問題 2.8 の解答を参照されたい．

2.5 改訂シンプレックス法

n 次元行ベクトル $\boldsymbol{c}$, $m \times n$ 行列 A, n 次元列ベクトル $\boldsymbol{x}$, および m 次元列ベクトル $\boldsymbol{b}$ を

$$\boldsymbol{c} = (c_1, c_2, \ldots, c_n) \tag{2.61}$$

$$A = \begin{bmatrix} a_{11} & a_{12} & \cdots & a_{1n} \\ a_{21} & a_{22} & \cdots & a_{2n} \\ \cdots & \cdots & \cdots & \cdots \\ a_{m1} & a_{m2} & \cdots & a_{mn} \end{bmatrix}, \quad \boldsymbol{x} = \begin{pmatrix} x_1 \\ x_2 \\ \vdots \\ x_n \end{pmatrix}, \quad \boldsymbol{b} = \begin{pmatrix} b_1 \\ b_2 \\ \vdots \\ b_m \end{pmatrix} \tag{2.62}$$

とおけば，標準形の線形計画問題は，次のようなベクトル行列形式で簡潔に表現される

$$\left.\begin{array}{ll} \text{minimize} & z = \boldsymbol{cx} \\ \text{subject to} & A\boldsymbol{x} = \boldsymbol{b} \\ & \boldsymbol{x} \geqq \boldsymbol{0} \end{array}\right\} \tag{2.63}$$

ここで $\boldsymbol{0}$ は 0 を成分とする n 次元の列ベクトルである．

さらに，行列 A の各列に対応して，n 個の m 次元列ベクトル*7)

$$\boldsymbol{p}_j = (a_{1j}, a_{2j}, \ldots, a_{mj})^T, \quad j = 1, 2, \ldots, n \tag{2.64}$$

を定義して，$A = [\,\boldsymbol{p}_1\ \boldsymbol{p}_2\ \cdots\ \boldsymbol{p}_n\,]$ と表せば，標準形の線形計画問題は，次のような列形式で表現される．

$$\left.\begin{array}{ll} \text{minimize} & z = c_1x_1 + c_2x_2 + \cdots + c_nx_n \\ \text{subject to} & \boldsymbol{p}_1x_1 + \boldsymbol{p}_2x_2 + \cdots + \boldsymbol{p}_nx_n = \boldsymbol{b} \\ & x_j \geqq 0, \quad j = 1, 2, \ldots, n \end{array}\right\} \tag{2.65}$$

ベクトル行列形式の表現のもとで，シンプレックス法のピボット操作によりシンプレックス・タブローを更新するとき，あるタブローから次のタブローに移る際に，どれだけの情報が必要であるかをもう一度よく考えてみよう．それは

シンプレックス・タブローの更新に必要な情報

(1) 相対費用係数 $\bar{c}_j$ を用いて

*7) 本書では，上付きの添え字 ^{T} はベクトルや行列の転置を表すものとする．

$$\min_{\bar{c}_j<0} \bar{c}_j = \bar{c}_s$$

となる添字 s を求める.

(2) $\bar{c}_s < 0$ ならば, ピボット列とよばれる添字 s に対応する非基底変数の列の成分

$$\bar{\boldsymbol{p}}_s = (\bar{a}_{1s}, \bar{a}_{2s}, \ldots, \bar{a}_{ms})^T$$

と基底変数の値

$$\bar{\boldsymbol{b}} = (\bar{b}_1, \bar{b}_2, \ldots, \bar{b}_m)^T$$

を用いて

$$\frac{\bar{b}_r}{\bar{a}_{rs}} = \min_{\bar{a}_{is}>0} \frac{\bar{b}_i}{\bar{a}_{is}}$$

となる添字 r を求め, $\bar{a}_{rs}$ に関するピボット操作を行って, タブローを更新する.

ここで, (2) においては, タブローのただ1つの非基底変数の列 $\bar{\boldsymbol{p}}_s$ だけが必要であることに注意しよう. 特に行の数 m よりも列の数 n のほうが多い問題では, s 以外の不必要な残りの列 $\bar{\boldsymbol{p}}_j$ を取り扱うことはむだである. より効果的な手法は, 初期タブローの数値を用いて, まず, 相対費用係数 $\bar{c}_j$ を求め, それからピボット列 $\bar{\boldsymbol{p}}_s$ と基底変数の値 $\bar{\boldsymbol{b}}$ を求めることである.

改訂シンプレックス法はこのような観点から考案され, 基底行列の逆行列をもとに, 必要な情報だけを初期タブローからそのつど引き出して用いるため, 記憶領域が節約され, タブローの更新によって発生する丸めの誤差の累積もある程度避けられるという利点がある.

前節と同様に, $n > m$ であることと, m 個の等式制約にはむだな制約式は含まれていないことを仮定する[*8)]. このとき, $m \times n$ 長方行列 $A = [\,\boldsymbol{p}_1\ \boldsymbol{p}_2\ \cdots\ \boldsymbol{p}_n\,]$ の n 個の列ベクトル $\boldsymbol{p}_j$, $j = 1, 2, \ldots, n$ の中から選ばれた m 個の1次独立な列ベクトルによって構成される $m \times m$ 正方正則の部分行列 B は基底行列とよばれる.

さて, 添字の煩わしさを避けるため, 変数の順番を適当に入れ替えることにより, 一般性を失うことなく, この問題の基底行列 B を行列 A の最初の m 列と

*8) m 個の等式制約にむだな制約式が含まれていないということは, 線形代数の用語では m 個の等式が1次独立である, あるいは, 行列 A の階数が m, すなわち $\mathrm{rank}(A) = m$ と表される.

仮定して

$$B = [\,\boldsymbol{p}_1\ \boldsymbol{p}_2\ \cdots\ \boldsymbol{p}_m\,] \tag{2.66}$$

と表し，対応する基底解における基底 $\boldsymbol{x}_B$ と目的関数の係数ベクトル $\boldsymbol{c}_B$ を，それぞれ

$$\boldsymbol{x}_B = (x_1, x_2, \ldots, x_m)^T, \quad \boldsymbol{c}_B = (c_1, c_2, \ldots, c_m) \tag{2.67}$$

と表すことにしよう[*9)].

基底変数のベクトル $\boldsymbol{x}_B$ は

$$B\boldsymbol{x}_B = \boldsymbol{b} \tag{2.68}$$

をみたしているので，基底解における基底 $\boldsymbol{x}_B$ は

$$\boldsymbol{x}_B = B^{-1}\boldsymbol{b} = \bar{\boldsymbol{b}} \tag{2.69}$$

で与えられる．特に，B を実行可能基底行列と仮定すれば，対応する基底解は非負である．すなわち

$$\boldsymbol{x}_B \geqq \boldsymbol{0} \tag{2.70}$$

である．

列形式で表された標準形の線形計画問題 (2.65) の目的関数 z の式を，制約式の $(m+1)$ 番目の式として，$(-z)$ を永久基底変数とする拡大連立方程式を列形式で表せば

$$\sum_{j=1}^{n} \begin{pmatrix} \boldsymbol{p}_j \\ \hdashline c_j \end{pmatrix} x_j + \begin{pmatrix} \boldsymbol{0} \\ \hdashline 1 \end{pmatrix} (-z) = \begin{pmatrix} \boldsymbol{b} \\ \hdashline 0 \end{pmatrix} \tag{2.71}$$

となるので, 基底 $\boldsymbol{x}_B = (x_1, x_2, \ldots, x_m)^T$, $(-z)$ と非基底 $\boldsymbol{x}_N = (x_{m+1}, \ldots, x_n)^T$ に分けて表せば

$$\left[\begin{array}{cccc:c} \boldsymbol{p}_1 & \boldsymbol{p}_2 & \cdots & \boldsymbol{p}_m & \boldsymbol{0} \\ \hdashline c_1 & c_2 & \cdots & c_m & 1 \end{array}\right] \begin{pmatrix} \boldsymbol{x}_B \\ \hdashline -z \end{pmatrix} + \left[\begin{array}{ccc} \boldsymbol{p}_{m+1} & \cdots & \boldsymbol{p}_n \\ \hdashline c_{m+1} & \cdots & c_n \end{array}\right] \boldsymbol{x}_N = \begin{pmatrix} \boldsymbol{b} \\ \hdashline 0 \end{pmatrix} \tag{2.72}$$

となる．

B は実行可能基底行列であるので，$(m+1) \times (m+1)$ 行列

$$\hat{B} = \left[\begin{array}{cccc:c} \boldsymbol{p}_1 & \boldsymbol{p}_2 & \cdots & \boldsymbol{p}_m & \boldsymbol{0} \\ \hdashline c_1 & c_2 & \cdots & c_m & 1 \end{array}\right] = \left[\begin{array}{c:c} B & \boldsymbol{0} \\ \hdashline \boldsymbol{c}_B & 1 \end{array}\right] \tag{2.73}$$

*9) 特に，実行可能正準形から出発する場合には B は単位行列で B^{-1} も単位行列になることに注意しよう．

は，拡大方程式 (2.71) に対する実行可能基底行列である．このとき，$\hat{B}$ の逆行列 $\hat{B}^{-1}$ は

$$\hat{B}^{-1} = \left[\begin{array}{c|c} B^{-1} & \mathbf{0} \\ \hline -\boldsymbol{c}_B B^{-1} & 1 \end{array}\right] \tag{2.74}$$

となることは，これらの行列の積 $\hat{B}\hat{B}^{-1}$ を直接計算すれば $(m+1)\times(m+1)$ 単位行列 $\hat{I}$ になることにより，容易にわかる．このような $(m+1)\times(m+1)$ 行列 $\hat{B}$ を拡大基底行列，その逆行列 $\hat{B}^{-1}$ を拡大基底逆行列とよぶ．

ここで，標準形の線形計画問題の基底行列 B に関するシンプレックス乗数ベクトル

$$\boldsymbol{\pi} = (\pi_1, \pi_2, \ldots, \pi_m) = \boldsymbol{c}_B B^{-1} \tag{2.75}$$

を導入すれば，拡大基底逆行列はより簡潔に

$$\hat{B}^{-1} = \left[\begin{array}{c|c} B^{-1} & \mathbf{0} \\ \hline -\boldsymbol{\pi} & 1 \end{array}\right] \tag{2.76}$$

と表される．

さて，拡大基底逆行列 $\hat{B}^{-1}$ を，拡大連立方程式 (2.72) に掛けると，(2.72) は

$$\left[\begin{array}{c|c} I & \mathbf{0} \\ \hline \mathbf{0}^T & 1 \end{array}\right] \left(\begin{array}{c} \boldsymbol{x}_B \\ \hline -z \end{array}\right) + \hat{B}^{-1} \left[\begin{array}{ccc} \boldsymbol{p}_{m+1} & \cdots & \boldsymbol{p}_n \\ \hline c_{m+1} & \cdots & c_n \end{array}\right] \boldsymbol{x}_N = \hat{B}^{-1} \left(\begin{array}{c} \boldsymbol{b} \\ \hline 0 \end{array}\right) \tag{2.77}$$

となり，拡大正準形

$$\left(\begin{array}{c} \boldsymbol{x}_B \\ \hline -z \end{array}\right) + \sum_{j=m+1}^{n} \left(\begin{array}{c} \bar{\boldsymbol{p}}_j \\ \hline \bar{c}_j \end{array}\right) x_j = \left(\begin{array}{c} \bar{\boldsymbol{b}} \\ \hline -\bar{z} \end{array}\right) \tag{2.78}$$

あるいは等価的に

$$\left.\begin{array}{llll} x_1 & & & \bar{b}_1 \\ & x_2 & & \bar{b}_2 \\ & \ddots & + \displaystyle\sum_{j=m+1}^{n} \bar{\boldsymbol{p}}_j x_j = & \vdots \\ & & x_m & \bar{b}_m \\ & & -z + \displaystyle\sum_{j=m+1}^{n} \bar{c}_j x_j = & -\bar{z} \end{array}\right\} \tag{2.79}$$

に変換される．ここで

$$\begin{pmatrix} \bar{\boldsymbol{p}}_j \\ \hdashline \bar{c}_j \end{pmatrix} = \hat{B}^{-1} \begin{pmatrix} \boldsymbol{p}_j \\ \hdashline c_j \end{pmatrix} = \left[\begin{array}{c:c} B^{-1} & \boldsymbol{0} \\ \hdashline -\boldsymbol{\pi} & 1 \end{array} \right] \begin{pmatrix} \boldsymbol{p}_j \\ \hdashline c_j \end{pmatrix} = \begin{pmatrix} B^{-1}\boldsymbol{p}_j \\ \hdashline c_j - \boldsymbol{\pi}\boldsymbol{p}_j \end{pmatrix} \tag{2.80}$$

$$\begin{pmatrix} \bar{\boldsymbol{b}} \\ \hdashline -\bar{z} \end{pmatrix} = \hat{B}^{-1} \begin{pmatrix} \boldsymbol{b} \\ \hdashline 0 \end{pmatrix} = \left[\begin{array}{c:c} B^{-1} & \boldsymbol{0} \\ \hdashline -\boldsymbol{\pi} & 1 \end{array} \right] \begin{pmatrix} \boldsymbol{b} \\ \hdashline 0 \end{pmatrix} = \begin{pmatrix} B^{-1}\boldsymbol{b} \\ \hdashline -\boldsymbol{\pi}\boldsymbol{b} \end{pmatrix} \tag{2.81}$$

である．特に，(2.80) から得られる列ベクトルと相対費用係数の更新式

$$\bar{\boldsymbol{p}}_j = B^{-1}\boldsymbol{p}_j \tag{2.82}$$

$$\bar{c}_j = c_j - \boldsymbol{\pi}\boldsymbol{p}_j \tag{2.83}$$

は，拡大基底逆行列 $\hat{B}^{-1}$，すなわち，B^{-1} と $\boldsymbol{\pi}$ が与えられたときに，シンプレックス法の手順で必要となる $\bar{c}_j$ と $\bar{\boldsymbol{p}}_j$ の値を，初期タブローの c_j と $\boldsymbol{p}_j$ の値から直接求めるための計算式を与えている．

さて (2.83) から計算された $\bar{c}_j$ のうち最小の $\bar{c}_s$ が求められ，次に (2.82) から $\bar{\boldsymbol{p}}_s = (\bar{a}_{1s}, \ldots, \bar{a}_{ms})^T$ が計算されたとしよう．このとき基底変数の値 $\bar{\boldsymbol{b}}$ がサイクルのはじめにわかっていれば，直ちにピボット項 $\bar{a}_{rs}$ を決定できる．

しかし，x_s を基底に入れ x_r を基底から出すこと，すなわち，新しい拡大基底行列 $\hat{B}^*$ の逆行列 $\hat{B}^{*-1}$ を求めることが残されている．ここで，x_s を r 番目の基底変数としたとき，x_r が非基底変数になるため，現在の 拡大基底行列

$$\hat{B} = \left[\begin{array}{cccccc:c} \boldsymbol{p}_1 & \cdots & \boldsymbol{p}_{r-1} & \boldsymbol{p}_r & \boldsymbol{p}_{r+1} & \cdots & \boldsymbol{p}_m & \boldsymbol{0} \\ \hdashline c_1 & \cdots & c_{r-1} & c_r & c_{r+1} & \cdots & c_m & 1 \end{array} \right] \tag{2.84}$$

から $\boldsymbol{p}_r, c_r$ を取り除いて，その代わりに $\boldsymbol{p}_s, c_s$ を入れた新たな拡大基底行列

$$\hat{B}^* = \left[\begin{array}{cccccc:c} \boldsymbol{p}_1 & \cdots & \boldsymbol{p}_{r-1} & \boldsymbol{p}_s & \boldsymbol{p}_{r+1} & \cdots & \boldsymbol{p}_m & \boldsymbol{0} \\ \hdashline c_1 & \cdots & c_{r-1} & c_s & c_{r+1} & \cdots & c_m & 1 \end{array} \right] \tag{2.85}$$

に変化したとき，$\hat{B}^{*-1}$ を直接計算しなくても[*10)]，$\bar{a}_{rs}$ に関するピボット操作により，$\hat{B}^{-1}$ から $\hat{B}^{*-1}$ が求められることが示される．また，新しい拡大基底行列 $\hat{B}^*$ に対する $\bar{\boldsymbol{b}}, \bar{z}$ の値に * をつけて表し，現在の $\bar{\boldsymbol{b}}, -\bar{z}$ に対して $\bar{a}_{rs}$ に関するピボット操作を行えば，新たな定数 $\bar{\boldsymbol{b}}^*, -\bar{z}^*$ が求められることも示される[*11)]．

すなわち

$$\hat{B}^{*-1} = \left[\begin{array}{c:c} \beta^*_{ij} & \boldsymbol{0} \\ \hdashline -\pi^*_j & 1 \end{array} \right], \quad \hat{B}^{-1} = \left[\begin{array}{c:c} \beta_{ij} & \boldsymbol{0} \\ \hdashline -\pi_j & 1 \end{array} \right] \tag{2.86}$$

---

*10) めんどうな逆行列の計算をいちいちやり直すのでは改訂法の意味が失われてしまうことになる．

*11) 詳細に興味のある読者は章末問題 2.11 の解答を参照されたい．

とおけば

$$\left.\begin{aligned} \beta_{rj}^* &= \frac{1}{\bar{a}_{rs}}\beta_{rj}, \quad j=1,2,\ldots,m \\ \beta_{ij}^* &= \beta_{ij} - \frac{\bar{a}_{is}}{\bar{a}_{rs}}\beta_{rj}, \quad i=1,2,\ldots,m;\ i \neq r,\ j=1,2,\ldots,m \\ -\pi_j^* &= -\pi_j - \frac{\bar{c}_s}{\bar{a}_{rs}}\beta_{rj}, \quad j=1,2,\ldots,m \end{aligned}\right\} \tag{2.87}$$

となり

$$\left.\begin{aligned} \bar{b}_r^* &= \frac{\bar{b}_r}{\bar{a}_{rs}}, \\ \bar{b}_i^* &= \bar{b}_i - \frac{\bar{a}_{is}}{\bar{a}_{rs}}\bar{b}_r, \quad i=1,2,\ldots,m;\ i \neq r \\ -\bar{z}^* &= -\bar{z} - \frac{\bar{c}_s}{\bar{a}_{rs}}\bar{b}_r, \end{aligned}\right\} \tag{2.88}$$

となることがわかる．

これまでの考察により，改訂シンプレックス法の手順は次のように要約される．

改訂シンプレックス法の手順

初期の実行可能正準形の A, $\boldsymbol{b}$, $\boldsymbol{c}$ の他に，初期の実行可能基底解に対する逆行列 B^{-1} がわかっているものとする．

手順 0 B^{-1} をもとにして

$$\boldsymbol{\pi} = \boldsymbol{c}_B B^{-1},\ \boldsymbol{x}_B = \bar{\boldsymbol{b}} = B^{-1}\boldsymbol{b},\ \bar{z} = \boldsymbol{\pi}\boldsymbol{b}$$

を計算して，表 2.12 の $\hat{B}^{-1}$ と $\hat{\bar{\boldsymbol{b}}} = (\bar{\boldsymbol{b}}, -\bar{z})^T$ の部分に記入する．

手順 1 すべての相対費用係数 $\bar{c}_j \geqq 0$ ならば，このときの基底解は最適解となり，終了．そうでなければ，相対費用係数 $\bar{c}_j$ を

$$\bar{c}_j = c_j - \boldsymbol{\pi}\boldsymbol{p}_j$$

によって計算して

$$\min_{\bar{c}_j<0} \bar{c}_j = \bar{c}_s$$

となる添字 s を求める．

手順 2 $\bar{c}_s < 0$ ならば

$$\bar{\boldsymbol{p}}_s = B^{-1}\boldsymbol{p}_s$$

を計算する．$\bar{\boldsymbol{p}}_s = (\bar{a}_{1s}, \bar{a}_{2s}, \ldots, \bar{a}_{ms})^T$ のすべての成分が非正，すなわ

ち，すべての $\bar{a}_{is} \leqq 0$ ならば，最小値が有界でないという情報を得て終了．

手順 3　$\bar{a}_{is}$ に正のものがあれば，$\hat{\boldsymbol{p}}_s = (\bar{\boldsymbol{p}}_s, \bar{c}_s)^T$ の値を表 2.12 の $\hat{\boldsymbol{p}}_s$ の列に記入して

$$\frac{\bar{b}_r}{\bar{a}_{rs}} = \min_{\bar{a}_{is}>0} \frac{\bar{b}_i}{\bar{a}_{is}}$$

となる添字 r を求める．

手順 4　$\bar{a}_{rs}$ に関するピボット操作を，表 2.12 の B^{-1}, $-\boldsymbol{\pi}$, $\bar{\boldsymbol{b}}$, $-\bar{z}$ に対して行って，基底変数 x_r を非基底変数とし，その場所に x_s を新しい基底変数として入れる．ここで $\hat{B}^{*-1}$ はピボット操作による更新式 (2.87) で計算できる．また，新しい拡大基底行列 $\hat{B}^*$ に対する定数の列 $(\bar{b}_1^*, \ldots, \bar{b}_m^*, -\bar{z}^*)^T$ はピボット操作による更新式 (2.88) で計算できる．更新された表 2.12 は新しい基底行列に対する B^{-1}, $-\boldsymbol{\pi}$, $\bar{\boldsymbol{b}}$, $-\bar{z}$ の値になるので，これらの値をもとに手順 1 へもどる．

ここで，改訂シンプレックス法の手順において，拡大基底逆行列 $\hat{B}^{-1}$ の第 $(m+1)$ 列はつねに $\begin{pmatrix}\boldsymbol{0}\\ \hline 1\end{pmatrix}$ で不変であるので，実際の計算においては，表 2.12 の左側のタブローの $\hat{B}^{-1}$ の第 $(m+1)$ 列を省略した右側のタブローを用いればよいことに注意しよう．

表 2.12　改訂シンプレックス・タブロー

基底	$\hat{B}^{-1}$		$\hat{\bar{\boldsymbol{b}}}$	$\hat{\boldsymbol{p}}_s$
x_1				
$\vdots$				
x_r	B^{-1}	$\boldsymbol{0}$	$\bar{\boldsymbol{b}}$	$\bar{\boldsymbol{p}}_s$
$\vdots$				
x_m				
$-z$	$-\boldsymbol{\pi}$	1	$-\bar{z}$	$\bar{c}_s$

基底	基底逆行列	定数	$\hat{\boldsymbol{p}}_s$
x_1			
$\vdots$			
x_r	B^{-1}	$\bar{\boldsymbol{b}}$	$\bar{\boldsymbol{p}}_s$
$\vdots$			
x_m			
$-z$	$-\boldsymbol{\pi}$	$-\bar{z}$	$\bar{c}_s$

なお，2 段階法の第 1 段階から改訂シンプレックス法を開始する場合には，第 1 段階での拡大基底逆行列 $\hat{B}^{-1}$ を次のように考えればよい．

$$\hat{B}^{-1} = \left[\begin{array}{c:c:c} B^{-1} & \mathbf{0} & \mathbf{0} \\ \hdashline -\boldsymbol{\pi} & 1 & 0 \\ \hdashline -\boldsymbol{\sigma} & 0 & 1 \end{array}\right] \tag{2.89}$$

ここで $\boldsymbol{\sigma} = (\sigma_1, \sigma_2, \ldots, \sigma_m)$ は，第 1 段階の目的関数 w の式に対するシンプレックス乗数で，最初の $\hat{B}^{-1}$ は $(m+2) \times (m+2)$ 単位行列にとる．第 1 段階では相対費用係数 $\bar{d}_j$ を

$$\bar{d}_j = d_j - \boldsymbol{\sigma}\boldsymbol{p}_j \tag{2.90}$$

により計算して，$\min_{\bar{d}_j<0} \bar{d}_j$ によりピボット列を決定する．ピボット操作は，逆行列 (2.89) に対して行えばよい．

第 2 段階が始まれば，$\hat{B}^{-1}$ の第 $(m+2)$ 行と第 $(m+2)$ 列を取り除き，(2.76) の $\hat{B}^{-1}$ に対して改訂シンプレックス法の手順を続ければよい．

例 2.12 （例 **1.1** の生産計画の問題に対する改訂シンプレックス法）

例 1.1 の生産計画の問題の標準形

$$\begin{array}{lllllll} \text{minimize} & z = -3x_1 - 8x_2 & & & & & \\ \text{subject to} & 2x_1 + 6x_2 + x_3 & & & = 27 \\ & 3x_1 + 2x_2 & + x_4 & & = 16 \\ & 4x_1 + x_2 & & + x_5 & = 18 \\ & x_j \geqq 0, \quad j = 1,2,3,4,5 & & & \end{array}$$

に改訂シンプレックス法を適用してみよう．

スラック変数 x_3, x_4, x_5 を基底変数に選べば，基底行列 B は単位行列で，B^{-1} もまた単位行列である．したがって (2.75), (2.81) より

$$\boldsymbol{\pi} = \boldsymbol{c}_B B^{-1} = (0,0,0), \quad \bar{\boldsymbol{b}} = B^{-1}\boldsymbol{b} = \boldsymbol{b} = (27,16,18)^T, \quad \bar{z} = \boldsymbol{\pi}\boldsymbol{b} = 0$$

である．これらの値を表 2.13 のサイクル 0 における基底逆行列と定数の部分に記入する．

$$\bar{c}_1 = c_1 - \boldsymbol{\pi}\boldsymbol{p}_1 = -3 - (0,0,0)\begin{pmatrix} 2 \\ 3 \\ 4 \end{pmatrix} = -3$$

$$\bar{c}_2 = c_2 - \boldsymbol{\pi}\boldsymbol{p}_2 = -8 - (0,0,0)\begin{pmatrix} 6 \\ 2 \\ 1 \end{pmatrix} = -8$$

$$\min_{\bar{c}_j<0} \bar{c}_j = (-3,-8) = \bar{c}_2 = -8 < 0$$

表 2.13 例 1.1 の改訂シンプレックス・タブロー

サイクル	基底	基底逆行列			定数	$\hat{\boldsymbol{p}}_s$
0	x_3	1			27	[6]
	x_4		1		16	2
	x_5			1	18	1
	$-z$				0	−8
1	x_2	1/6			4.5	1/3
	x_4	−1/3	1		7	[7/3]
	x_5	−1/6		1	13.5	11/3
	$-z$	4/3			36	−1/3
2	x_2	3/14	−1/7		3.5	
	x_1	−1/7	3/7		3	
	x_5	5/14	−11/7	1	2.5	
	$-z$	9/7	1/7		37	

となるので，新しく基底変数となるのは x_2 である．

$$\bar{\boldsymbol{p}}_2 = B^{-1}\boldsymbol{p}_2 = \begin{bmatrix} 1 & 0 & 0 \\ 0 & 1 & 0 \\ 0 & 0 & 1 \end{bmatrix} \begin{pmatrix} 6 \\ 2 \\ 1 \end{pmatrix} = \begin{pmatrix} 6 \\ 2 \\ 1 \end{pmatrix}$$

となるので，これらの $\bar{\boldsymbol{p}}_2$ と $\bar{c}_2$ をサイクル 0 における $\hat{\boldsymbol{p}}_s$ の列に記入する．次に

$$\min\left(\frac{27}{6}, \frac{16}{2}, \frac{18}{1}\right) = \frac{27}{6} = 4.5$$

となるので x_3 が非基底変数となり，[ ] で囲まれた 6 がピボット項として定まる．基底の x_3 と x_2 を入れ替えた後，表 2.13 のサイクル 0 の基底逆行列と定数の部分に対してピボット操作を行えば，表 2.13 のサイクル 1 の結果を得る．これらが新しい基底行列 $B = [\,\boldsymbol{p}_2\ \boldsymbol{p}_4\ \boldsymbol{p}_5\,]$ に対する B^{-1}, $-\boldsymbol{\pi}$, $\boldsymbol{b}$, $-\bar{z}$ となるので，再び手順 1 から繰り返す．

$$\bar{c}_1 = c_1 - \boldsymbol{\pi}\boldsymbol{p}_1 = -3 - \left(-\frac{4}{3}, 0, 0\right) \begin{pmatrix} 2 \\ 3 \\ 4 \end{pmatrix} = -\frac{1}{3}$$

$$\bar{c}_3 = c_3 - \boldsymbol{\pi}\boldsymbol{p}_3 = 0 - \left(-\frac{4}{3}, 0, 0\right)\begin{pmatrix}1\\0\\0\end{pmatrix} = \frac{4}{3}$$

$$\min_{\bar{c}_j<0} \bar{c}_j = \bar{c}_1 = -\frac{1}{3} < 0$$

となるので，新しく基底変数となるのは x_1 である．

サイクル 1 の B^{-1} を用いれば

$$\bar{\boldsymbol{p}}_1 = B^{-1}\boldsymbol{p}_1 = \begin{bmatrix}1/6 & 0 & 0\\ -1/3 & 1 & 0\\ -1/6 & 0 & 1\end{bmatrix}\begin{pmatrix}2\\3\\4\end{pmatrix} = \begin{pmatrix}1/3\\7/3\\11/3\end{pmatrix}$$

となるので，これらの $\bar{\boldsymbol{p}}_1$ と $\bar{c}_1$ をサイクル 1 における $\hat{\bar{\boldsymbol{p}}}_s$ の列に記入する．次に

$$\min\left(\frac{4.5}{1/3}, \frac{7}{7/3}, \frac{13.5}{11/3}\right) = \frac{7}{7/3} = 3$$

となるので，基底の x_4 と x_1 を入れ替えた後，[　] で囲んだ 7/3 をピボット項として，表 2.13 のサイクル 1 の基底逆行列と定数の部分に対してピボット操作を行えば，表 2.13 のサイクル 2 の結果を得る．新しい基底行列は $B = [\,\boldsymbol{p}_2\ \boldsymbol{p}_1\ \boldsymbol{p}_5\,]$ となり

$$\bar{c}_3 = c_3 - \boldsymbol{\pi}\boldsymbol{p}_3 = 0 - \left(-\frac{9}{7}, -\frac{1}{7}, 0\right)\begin{pmatrix}1\\0\\0\end{pmatrix} = \frac{9}{7} > 0$$

$$\bar{c}_4 = c_4 - \boldsymbol{\pi}\boldsymbol{p}_4 = 0 - \left(-\frac{9}{7}, -\frac{1}{7}, 0\right)\begin{pmatrix}0\\1\\0\end{pmatrix} = \frac{1}{7} > 0$$

であるので，最適解

$$x_1 = 3, \quad x_2 = 3.5 \quad (x_3 = x_4 = 0, x_5 = 2.5), \quad \min z = -37$$

を得る． ■

2.6 線形計画問題の双対問題と双対性

標準形の線形計画問題

$$\left.\begin{array}{ll} \text{minimize} & z = \boldsymbol{cx} \\ \text{subject to} & A\boldsymbol{x} = \boldsymbol{b} \\ & \boldsymbol{x} \geqq \boldsymbol{0} \end{array}\right\} \tag{2.91}$$

の目的関数に含まれる係数 $\boldsymbol{c}$ と制約条件に含まれる係数 $\boldsymbol{b}$ とを交換して，行ベクトル $\boldsymbol{\pi} = (\pi_1, \pi_2, \ldots, \pi_m)$ を変数とする最大化問題

$$\left.\begin{array}{ll} \text{maximize} & v = \boldsymbol{\pi b} \\ \text{subject to} & \boldsymbol{\pi} A \leqq \boldsymbol{c} \end{array}\right\} \tag{2.92}$$

を**双対問題**とよび，変数 $\boldsymbol{\pi}$ を**双対変数**とよぶ．双対問題に対してもとの問題を**主問題**とよぶ．

この双対問題では，変数 $\boldsymbol{\pi}$ は非負とは限らないことに注意しよう．いずれの問題に対しても $\boldsymbol{c} = (c_1, c_2, \ldots, c_n)$ は n 次元行ベクトル，$\boldsymbol{b} = (b_1, b_2, \ldots, b_m)^T$ は m 次元列ベクトルで，A は $m \times n$ 行列である．

m 次元行ベクトル $\boldsymbol{\pi}$ に $m \times n$ 行列 A を掛ければ，双対問題 (2.92) の制約式は具体的には

$$\left.\begin{array}{l} a_{11}\pi_1 + a_{21}\pi_2 + \cdots + a_{m1}\pi_m \leqq c_1 \\ a_{12}\pi_1 + a_{22}\pi_2 + \cdots + a_{m2}\pi_m \leqq c_2 \\ \cdots\cdots\cdots \\ a_{1n}\pi_1 + a_{2n}\pi_2 + \cdots + a_{mn}\pi_m \leqq c_n \end{array}\right\} \tag{2.93}$$

のように表され，(2.93) の連立不等式の係数行列は A の転置行列 A^T で与えられることに注意しよう．

さて，主問題と双対問題との関係は**双対性**とよばれるが，標準形の主問題とその双対問題との双対性に関る重要な性質を考察していこう．

まず，主問題の実行可能解 $\bar{\boldsymbol{x}}$ に対して $A\bar{\boldsymbol{x}} = \boldsymbol{b}, \bar{\boldsymbol{x}} \geqq \boldsymbol{0}$ で，双対問題の実行可能解 $\bar{\boldsymbol{\pi}}$ に対して $\bar{\boldsymbol{\pi}} A \leqq \boldsymbol{c}$ であるので，これらの関係式より $\boldsymbol{c}\bar{\boldsymbol{x}} \geqq \bar{\boldsymbol{\pi}} A\bar{\boldsymbol{x}} = \bar{\boldsymbol{\pi}}\boldsymbol{b}$ が成立し，両問題の実行可能解に関する有用な関係を与える弱双対定理が導かれる．

弱双対定理

主問題の実行可能解 $\bar{\boldsymbol{x}}$ と双対問題の実行可能解 $\bar{\boldsymbol{\pi}}$ に対して

$$\bar{z} = \boldsymbol{c}\bar{\boldsymbol{x}} \geqq \bar{\boldsymbol{\pi}}\boldsymbol{b} = \bar{v} \tag{2.94}$$

なる関係が成立する．

この定理は，双対問題の目的関数の値は主問題の目的関数の値以下である，あるいは，主問題の目的関数の値は双対問題の目的関数の値以上あるということを示しており，**弱双対定理**とよばれる．

弱双対定理に対して，次の**双対定理**は，両方の問題の最適解に対する目的関数の値が等しくなることを主張しており，**強双対定理**ともよばれる．

双対定理

(1) 主問題と双対問題がともに実行可能解をもてば，両方とも最適解をもち，それぞれの最適解に対する目的関数の値は等しい．
(2) 主問題あるいは双対問題のどちらか一方が有界でない解をもてば，他方の問題は実行可能ではない．

ここで，改訂シンプレックス法におけるシンプレックス乗数の定義式や相対費用係数の更新式を思い出せば，双対定理は次のように証明される．

(1) 弱双対定理より，主問題の目的関数は下に有界で，双対問題の目的関数は上に有界であるので，両問題とも有界な最適解をもつことがわかる．そこで，主問題の最適基底解を $\boldsymbol{x}^o$ とし，対応する基底行列を B^o，基底変数ベクトルを $\boldsymbol{x}^o_{B^o}$ とすれば

$$B^o\boldsymbol{x}^o_{B^o} = \boldsymbol{b}, \quad \boldsymbol{x}^o_{B^o} \geqq \boldsymbol{0}$$

で，このとき B^o に関するシンプレックス乗数は

$$\boldsymbol{\pi}^o = \boldsymbol{c}_{B^o}(B^o)^{-1}$$

となる．ここで $\boldsymbol{c}_{B^o}$ は基底変数の費用係数のベクトルである．$\boldsymbol{x}^o$ は最適解であるので，改訂シンプレックス法の相対費用係数の更新式 (2.83) で与えられる相対費用係数は非負である（基底変数に対してはつねに 0 である）．すなわち

$$\bar{c}_j = c_j - \boldsymbol{\pi}^o\boldsymbol{p}_j \geqq 0, \quad j = 1, \ldots, n$$

である．このことをベクトル行列形式で表せば

$$\boldsymbol{\pi}^o A \leqq \boldsymbol{c}$$

となるので，$\boldsymbol{\pi}^o$ は双対問題の制約条件をみたしていることがわかる．しかも $\boldsymbol{\pi} = \boldsymbol{\pi}^o$ のときの双対問題の目的関数の値は

$$v^o = \boldsymbol{\pi}^o\boldsymbol{b} = \boldsymbol{c}_{B^o}(B^o)^{-1}\boldsymbol{b} = \boldsymbol{c}_{B^o}\boldsymbol{x}^o_{B^o} = z^o$$

となるので，$\boldsymbol{\pi}^o$ は双対問題の最適解であることがわかる．

(2)　主問題が下に有界でないときに双対問題に実行可能解 $\boldsymbol{\pi}$ があるとすれば，弱双対定理より

$$-\infty \geqq \boldsymbol{\pi}\boldsymbol{b} = v$$

となって矛盾するので，双対問題は実行可能ではない．逆に，双対問題が上に有界でなければ，同様の議論により主問題は実行可能ではないことがわかる．

ここで，双対定理の前半は証明の過程からもわかるように，『主問題あるいは双対問題のどちらか一方が最適解をもてば，他方の問題もまた最適解をもち，……』に緩められることに注意しよう．

この定理は主問題と双対問題の最適解に対する目的関数の値が等しくなることを主張しており，弱双対定理に対して，強双対定理ともよばれる．この定理の証明には，いくつかの重要な点が含まれている．すなわち

主問題と双対問題の関係

(1)　双対問題の制約式は，まさしく主問題に対する最適性基準であり，相対費用係数 $\bar{c}_j$ は双対問題の制約式のスラック変数になっている．

(2)　主問題を改訂シンプレックス法で解いたときの最適実行可能正準形に対するシンプレックス乗数ベクトル $\boldsymbol{\pi}^o$ は双対問題の最適解である．ここでベクトル $-\boldsymbol{\pi}^o$ は拡大基底逆行列 $\hat{B}^{-1}$ の $(m+1)$ 行に現れるので，主問題の最適解は自動的に双対問題の最適解を与えている．

さらに，等式制約式のみならず，不等式制約式と符号に制約のない変数，すなわち，自由変数を含む最も一般的な主問題

$$\left.\begin{array}{ll} \text{minimize} & z = \boldsymbol{c}^1\boldsymbol{x}^1 + \boldsymbol{c}^2\boldsymbol{x}^2 \\ \text{subject to} & A_{11}\boldsymbol{x}^1 + A_{12}\boldsymbol{x}^2 \geqq \boldsymbol{b}^1 \\ & A_{21}\boldsymbol{x}^1 + A_{22}\boldsymbol{x}^2 = \boldsymbol{b}^2 \\ & \quad \boldsymbol{x}^1 \geqq \boldsymbol{0} \end{array}\right\} \tag{2.95}$$

に対する双対問題は

$$\left.\begin{array}{ll} \text{maximize} & v = \boldsymbol{\pi}^1\boldsymbol{b}^1 + \boldsymbol{\pi}^2\boldsymbol{b}^2 \\ \text{subject to} & \boldsymbol{\pi}^1 A_{11} + \boldsymbol{\pi}^2 A_{21} \leqq \boldsymbol{c}^1 \\ & \boldsymbol{\pi}^1 A_{12} + \boldsymbol{\pi}^2 A_{22} = \boldsymbol{c}^2 \\ & \quad \boldsymbol{\pi}^1 \geqq \boldsymbol{0} \end{array}\right\} \tag{2.96}$$

となることは，$\boldsymbol{x}^2 = \boldsymbol{x}^{2+} - \boldsymbol{x}^{2-}$ $(\boldsymbol{x}^{2+} \geqq \boldsymbol{0}, \boldsymbol{x}^{2-} \geqq \boldsymbol{0})$ とおき，余裕変数を導入し

て主問題を標準形に変換して双対定理を適用すれば，容易に理解できる．

ここで，主問題の不等式には双対問題の非負変数，等式には自由変数がそれぞれ対応し，さらに主問題の非負変数，自由変数にはそれぞれ，双対問題の不等式，等式が対応していることに注意しよう．特に，制約条件が $A\boldsymbol{x} \geqq \boldsymbol{b}, \boldsymbol{x} \geqq \boldsymbol{0}$ の場合には，対称形の双対問題が得られ，双対問題の双対問題が主問題になることは容易にわかる．

さて，双対性の具体的な意味を示すために．例 2.3 の栄養の問題に対して，かなり人為的ではあるが次の例を考えてみよう．

例 2.13 （例 **2.3** の栄養の問題に対する双対性の具体的な意味）

ある製薬会社が純粋の栄養素 N_1, N_2, N_3 を含む栄養剤 V_1, V_2, V_3 を生産して，家庭の主婦の要求をみたしつつ，栄養剤を販売することによって得られる利潤を最大にしようと考えているものとする．このとき，製薬会社は，栄養素 N_1, N_2, N_3 を 1 mg 含む栄養剤 V_1, V_2, V_3 の 1 錠当たりの販売価格 π_1, π_2, π_3 円をどのように決定すればよいのだろうか？

食品 F_1 の 1 g 中に含まれる栄養素 N_1, N_2, N_3 をそれぞれ 1, 1, 2 mg 摂取する代わりに，栄養剤 V_1, V_2, V_3 を購入して，栄養素 N_1, N_2, N_3 を同等量摂取するときの購入価格は $\pi_1 + \pi_2 + 2\pi_3$ 円となるので，食品 F_1 の価格 4 円以下，すなわち $\pi_1 + \pi_2 + 2\pi_3 \leqq 4$ でなければ，家庭の主婦は栄養剤を購入しない．同様に，食品 F_2 の 1 g 中に含まれる栄養素 N_1, N_2, N_3 をそれぞれ 3, 2, 1 mg 摂取する代わりに，栄養剤 V_1, V_2, V_3 を購入して同等量摂取するときの購入価格は $3\pi_1 + 2\pi_2 + \pi_3$ 円となるので，食品 F_2 の価格 3 円以下，すなわち $3\pi_1 + 2\pi_2 + \pi_3 \leqq 3$ でなければ，家庭の主婦は栄養剤を購入しない．これらの 2 つの条件がみたされるときの，家庭の主婦の栄養剤の購入費用は，栄養素 N_1, N_2, N_3 の必要量はそれぞれ 12, 10, 15 mg であることより，$12\pi_1 + 10\pi_2 + 15\pi_3$ となるので，製薬会社は利潤関数

$$v = 12\pi_1 + 10\pi_2 + 15\pi_3$$

を，制約条件

$$\begin{aligned} \pi_1 + \ \ \pi_2 + 2\pi_3 &\leqq 4 \\ 3\pi_1 + 2\pi_2 + \ \ \pi_3 &\leqq 3 \\ \pi_1 \geqq 0,\ \pi_2 \geqq 0,\ \pi_3 &\geqq 0 \end{aligned}$$

のもとで，最大にするような販売価格を決定することになる．ここで，この問題は例 2.3 の栄養の問題に対する双対問題と一致することに注意しよう． ■

双対変数は主問題の制約式に対応しており，最適状態では，主問題の最適基底解に対するシンプレックス乗数に等しいことが，これまでの議論から明らかになった．ここではシンプレックス乗数の意味について考えてみよう．

$$\boldsymbol{x}^o = (x_1^o, x_2^o, \ldots, x_n^o)^T, \quad \boldsymbol{\pi}^o = (\pi_1^o, \pi_2^o, \ldots, \pi_m^o)$$

をそれぞれ主問題と双対問題の最適解とすれば，双対定理より

$$z^o = c_1x_1^o + c_2x_2^o + \cdots + c_nx_n^o = \pi_1^o b_1 + \pi_2^o b_2 + \cdots + \pi_m^o b_m = v^o$$

となるので，この関係式において

$$z^o = \pi_1^o b_1 + \pi_2^o b_2 + \cdots + \pi_m^o b_m \tag{2.97}$$

という関係に注目すれば，主問題の i 番目の制約式 $a_{i1}x_1+a_{i2}x_2+\cdots+a_{in}x_n = b_i$ の右辺定数 b_i が 1 単位変化して b_i から $b_i + 1$ になったときに，現在の基底の変化がないときには，目的関数の値は π_i^o だけ増加することを意味している．

あるいは，この関係式 (2.97) から

$$\pi_i^o = \frac{\partial z^o}{\partial b_i}, \quad i = 1, \ldots, m \tag{2.98}$$

が得られるので，シンプレックス乗数 π_i は制約式の右辺がわずかに変化したときに，目的関数の値がどれくらい変化するかを示すものであることがわかる．

シンプレックス乗数 π_i^o は，しばしば**潜在価格**とよばれる．その理由は，たとえばある製造会社の生産計画の問題のように，右辺が資源 i の利用可能な量を表しているときには，π_i^o は資源 i の利用可能量の微小増加による利潤関数の値の変化量を与えるので，π_i^o は資源 i の製造会社における潜在的な価値を表しているからである．潜在という形容詞がつけられているのは π_i^o が資源 i の真の市場価格である必要はないからである．

双対定理を用いれば，線形不等式論における二者択一の定理の中で，最も代表的な **Farkas** の定理が直ちに証明できる[*12)]．

Farkas の定理

> 任意の行列 A と A の行の数に等しい次元のベクトル $\boldsymbol{b}$ に対して，次の命題のいずれか一方だけが成立する．
>
> (1) 連立 1 次方程式 $A\boldsymbol{x} = \boldsymbol{b}$ に $\boldsymbol{x} \geqq \boldsymbol{0}$ をみたす解が存在する．
>
> (2) 連立 1 次不等式 $\boldsymbol{\pi}A \leqq \boldsymbol{0}^T$, $\boldsymbol{\pi}\boldsymbol{b} > 0$ に解が存在する．

---

*12) Farkas の定理は，以下の議論に関連ないので，読みとばしても差し支えない．

実際，主問題として，かなり作意的な線形計画問題

$$\left.\begin{array}{ll}\text{minimize} & z = \mathbf{0}^T \boldsymbol{x} \\ \text{subject to} & A\boldsymbol{x} = \boldsymbol{b} \\ & \boldsymbol{x} \geqq \mathbf{0}\end{array}\right\} \tag{2.99}$$

を考えれば，その双対問題は

$$\left.\begin{array}{ll}\text{maximize} & v = \boldsymbol{\pi}\boldsymbol{b} \\ \text{subject to} & \boldsymbol{\pi} A \leqq \mathbf{0}^T\end{array}\right\} \tag{2.100}$$

となるので，命題 (1) が成立すれば，主問題の実行可能解は最適解で，目的関数 z の値はつねに 0 であるので，双対定理より双対問題の目的関数 v の値も 0 になり，命題 (2) は成立しないことがわかる．逆に命題 (2) が成立すれば，双対問題の目的関数の値が正になるような実行可能解が存在するので，主問題には実行可能解が存在しないことになる．

Farkas の定理は双対定理を用いないで直接証明することもできるが，このように双対定理を用いればきわめてエレガントに証明できる．

2.7 双対シンプレックス法

双対性の理論に基づいて，双対実行可能正準形から出発して双対問題の実行可能解を改良することにより最適解を求めるという双対シンプレックス法について考察してみよう．双対シンプレックス法は，シンプレックス法と同様にピボット操作を基本とするが，ピボット項の選び方と目的関数の値が増加する点が異なっている．

標準形の主問題

$$\left.\begin{array}{ll}\text{minimize} & z = \boldsymbol{c}\boldsymbol{x} \\ \text{subject to} & A\boldsymbol{x} = \boldsymbol{b} \\ & \boldsymbol{x} \geqq \mathbf{0}\end{array}\right\}$$

とその双対問題

$$\left.\begin{array}{ll}\text{maximize} & v = \boldsymbol{\pi}\boldsymbol{b} \\ \text{subject to} & \boldsymbol{\pi} A \leqq \boldsymbol{c}\end{array}\right\}$$

について考察してみよう．

いま，$x_1, x_2, \ldots, x_m$ を基底変数とする主問題の正準形が，次のように与えられており，必ずしも実行可能正準形とは限らない，すなわち，すべての $\bar{b}_i \geqq 0$ と

は限らないものとしよう．

$$
\left.
\begin{array}{lllr}
x_1 & & & \bar{b}_1 \\
& x_2 & & \bar{b}_2 \\
& & \ddots \qquad + \displaystyle\sum_{j=m+1}^{n} \bar{\boldsymbol{p}}_j x_j = & \vdots \\
& & x_m & \bar{b}_m \\
& & -z + \displaystyle\sum_{j=m+1}^{n} \bar{c}_j x_j = & -\bar{z}
\end{array}
\right\}
\qquad (2.101)
$$

ここで，$\bar{c}_j = c_j - \boldsymbol{\pi p}_j \geqq 0,\ j = m+1, \ldots, n$ であれば，ベクトル行列形式で $\boldsymbol{\pi} A \leqq \boldsymbol{c}$ と表されるので，$\boldsymbol{\pi}$ は双対問題の実行可能解であることがわかる．したがって，$\bar{c}_j \geq 0,\ j = m+1, \ldots, n$ が成立している正準形 (タブロー) を双対実行可能正準形 (タブロー) とよぶ．さらに，双対実行可能正準形が実行可能正準形，すなわちすべての $b_i \geqq 0$ であれば，最適正準形であることがわかる．

さて，シンプレックス法の $\bar{c}_s$ の選択規則と同様に，$\min_{\bar{b}_i<0} \bar{b}_i = \bar{b}_r$ によりピボット行を定めてみよう ($\bar{b}_i \geq 0$ であれば最適解が得られている)．このとき，すべての $\bar{a}_{rj} \geqq 0$ であれば，$\bar{b}_r < 0$ であるので，正準形の r 番目の式

$$
x_r = \bar{b}_r - \sum_{j=m+1}^{n} \bar{a}_{rj} x_j
$$

の右辺は $x_j \geqq 0,\ j = m+1, \ldots, n$ に対して負となるので，左辺は $x_r < 0$ となってしまう．すなわち，非基底変数 x_j の値がすべて非負のとき基底変数 x_r の値は負になり，主問題は実行可能ではない．したがって次の関係が得られる．

主問題の実行不可能性

> 正準形 (2.101) の第 r 行において，もし
>
> $$\bar{b}_r < 0,\ \bar{a}_{rj} \geqq 0, \quad j = m+1, m+2, \ldots, n \qquad (2.102)$$
>
> であれば，主問題には実行可能解は存在しない．

さて，双対実行可能正準形 (2.101) において，$\bar{b}_r$ が負で少なくとも 1 個の $\bar{a}_{rj}$ が負であるとしよう．このとき

$$
\min_{\bar{a}_{rj}<0} \frac{\bar{c}_j}{-\bar{a}_{rj}} = \frac{\bar{c}_s}{-\bar{a}_{rs}} = \Delta \qquad (2.103)
$$

により，ピボット列を定めれば，ピボット項 $\bar{a}_{rs}$ が決まる．したがって，x_r の代わりに x_s を基底に入れる $\bar{a}_{rs}$ に関するピボット操作を行って新たに得られた係数に * をつけて表せば，表 2.3 より

$$\bar{c}_j^* = \bar{c}_j - \bar{c}_s \bar{a}_{rj}^* = \bar{c}_j - \bar{c}_s \frac{\bar{a}_{rj}}{\bar{a}_{rs}}$$

となることがわかる．ここで，$\bar{a}_{rj} \geqq 0$ である $j \ (\neq s)$ に対しては，$\bar{c}_s > 0$, $\bar{a}_{rs} < 0$ であるので

$$\bar{c}_j^* = \bar{c}_j - \bar{c}_s \frac{\bar{a}_{rj}}{\bar{a}_{rs}} \geqq \bar{c}_j \geqq 0$$

となる．一方 $\bar{a}_{rj} < 0$ である $j \ (\neq s)$ に対しては (2.103) より

$$\bar{c}_j^* = \bar{a}_{rj} \left(\frac{\bar{c}_s}{-\bar{a}_{rs}} - \frac{\bar{c}_j}{-\bar{a}_{rj}} \right) \geqq 0$$

となり，すべての $\bar{c}_j^* \geqq 0$ であるので，新たに得られた正準形 (タブロー) は双対実行可能正準形 (タブロー) である．さらに

$$\bar{z}^* = \bar{z} + \bar{c}_s \frac{\bar{b}_r}{\bar{a}_{rs}} = \bar{z} - \bar{b}_r \varDelta$$

で，$\bar{b}_r < 0, \varDelta \geqq 0$ であるので，この実行可能解に対する目的関数の値は $\bar{z}$ より $|\bar{b}_r \varDelta|$ だけ増加することがわかる[*13)]．

このように，双対実行可能正準形から出発して，双対実行可能性を維持しながら，双対問題の実行可能解を改良して，最適解を求める方法は双対シンプレックス法といわれ，C.E. Lemke によって考案された．双対シンプレックス法は，主問題のタブローにおける一連のピボット操作を基本とするが，ピボット項を選ぶ規則と目的関数の値が増加する点が，シンプレックス法と異なっている．

このような双対シンプレックス法の手順は次のように要約される．ここで，最初の正準形において，すべての $\bar{c}_j \geqq 0$ で，基底変数に対して $\bar{c}_j = 0$ であるが，すべての $\bar{b}_i \geqq 0$ とは限らないことに注意しよう．

双対シンプレックス法の手順

はじめに双対実行可能性準形が与えられているとする．

手順 1 すべての $\bar{b}_i \geqq 0$ であれば，最適解を得て終了．そうでなければ，

*13) $\bar{c}_s = 0$ のときは双対退化が起こっているといわれるが，このとき $\varDelta = 0$ となり目的関数の値は増加しないので，巡回の起こる可能性がある．しかし，シンプレックス法に対する巡回対策と同様の対策を施すことによって回避できることに注意しよう．

$\min_{\bar{b}_i<0} \bar{b}_i = \bar{b}_r$ となる添字 r を求める.

手順 2 すべての $\bar{a}_{rj} \geqq 0$ ならば，主問題は実行可能でないという情報を得て終了.

手順 3 $\bar{a}_{rj}$ に負のものがあれば

$$\min_{\bar{a}_{rj}<0} \frac{\bar{c}_j}{-\bar{a}_{rj}} = \frac{\bar{c}_s}{-\bar{a}_{rs}} = \Delta$$

となる添字 s を求める.

手順 4 $\bar{a}_{rs}$ に関するピボット操作を行い，x_r の代わりに x_s を基底変数とする正準形を求め，手順 1 にもどる.

例 2.14 （**例 2.3** の栄養の問題に対する双対シンプレックス法）

例 2.3 の栄養の問題の標準形

$$\begin{array}{ll} \text{minimize} & z = 4x_1 + 3x_2 \\ \text{subject to} & x_1 + 3x_2 - x_3 = 12 \\ & x_1 + 2x_2 - x_4 = 10 \\ & 2x_1 + x_2 - x_5 = 15 \\ & x_j \geqq 0, \quad j = 1,2,3,4,5 \end{array}$$

に双対シンプレックス法を適用してみよう.

等式制約式の両辺に (-1) を掛けて，正準形に変換すれば次のようになる.

$$\begin{array}{l} -x_1 - 3x_2 + x_3 = -12 \\ -x_1 - 2x_2 + x_4 = -10 \\ -2x_1 - x_2 + x_5 = -15 \\ 4x_1 + 3x_2 - z = 0 \\ x_j \geqq 0, \quad j = 1,2,3,4,5 \end{array}$$

x_3, x_4, x_5 を基底変数とするこの正準形は，$\bar{c}_1 = 4 > 0$, $\bar{c}_2 = 3 > 0$ であるので，双対実行可能正準形である．しかし，$\bar{b}_1 = -12 < 0$, $\bar{b}_2 = -10 < 0$, $\bar{b}_3 = -9 < 0$ であるので，(主) 実行可能正準形ではない.

表 2.14 のサイクル 0 において

$$\min(-12, -10, -15) = -15 < 0$$

であるので，非基底変数となるのは x_5 である．次に

$$\min\left(\frac{4}{2},\frac{3}{1}\right)=\frac{4}{2}$$

となるので，x_1 が基底変数となり，[ ] で囲まれた -2 がピボット項として定まり，ピボット操作によりサイクル 1 の結果を得る．サイクル 1 において，

$$\min(-4.5,-2.5)=-4.5<0$$

であるので，非基底変数となるのは x_3 である．次に

$$\min\left(\frac{1}{2.5},\frac{2}{0.5}\right)=\frac{1}{2.5}$$

となるので x_2 が基底変数となり，[ ] で囲まれた -2.5 がピボット項として定まり，ピボット操作によりサイクル 2 の結果を得る．サイクル 2 ではすべての定数 $\bar{b}_i$ は正となり，最適解

$$x_1=6.6,\ x_2=1.8\ (x_3=0,x_4=0.2,x_5=0),\quad \min z=31.8$$

が得られる．ここで，表 2.14 のサイクル 2 は，表 2.7 のサイクル 3 から $-w$ の行を除去したものと等しいことに注意しよう． ■

表 **2.14** 例 2.3 のシンプレックス・タブロー（双対シンプレックス法）

サイクル	基底	x_1	x_2	x_3	x_4	x_5	定数
0	x_3	-1	-3	1			-12
	x_4	-1	-2		1		-10
	x_5	[-2]	-1			1	-15
	$-z$	4	3				0
1	x_3		[-2.5]	1		-0.5	-4.5
	x_4		-1.5		1	-0.5	-2.5
	x_1	1	0.5			-0.5	7.5
	$-z$		1			2	-30
2	x_2		1	-0.4		0.2	1.8
	x_4			-0.6	1	-0.2	0.2
	x_1	1		0.2		-0.6	6.6
	$-z$			0.4		1.8	-31.8

最後に，標準形の線形計画問題がシンプレックス法や双対シンプレックス法で解かれて，最適解が得られているときに，その後の問題の係数の変化に対して，もとの最適タブローを修正して，新しい問題の最適解を得るという感度分析の手法について，双対シンプレックス法に関する部分を説明しておこう．

標準形の線形計画問題

$$\left.\begin{array}{ll}\text{minimize} & z = \boldsymbol{cx} \\ \text{subject to} & A\boldsymbol{x} = \boldsymbol{b} \\ & \boldsymbol{x} \geqq \boldsymbol{0}\end{array}\right\} \tag{2.104}$$

の最適基底行列 B は既知で，最適基底解

$$\boldsymbol{x}_B = \bar{\boldsymbol{b}} = B^{-1}\boldsymbol{b} \tag{2.105}$$

シンプレックス乗数

$$\boldsymbol{\pi} = \boldsymbol{c}_B B^{-1} \tag{2.106}$$

および，目的関数値

$$\bar{z} = \boldsymbol{c}_B \boldsymbol{x}_B = \boldsymbol{c}_B \bar{\boldsymbol{b}} = \boldsymbol{\pi b} \tag{2.107}$$

も既知であるとする．

このとき，最適性規準

$$\bar{c}_j = c_j - \boldsymbol{\pi p}_j \geqq 0, \quad j: \text{非基底} \tag{2.108}$$

が成立しており

$$\bar{\boldsymbol{p}}_j = B^{-1}\boldsymbol{p}_j \tag{2.109}$$

である．

この問題の定数項 $\boldsymbol{b}$ が，その後に変化した場合について考えてみよう．定数項 $\boldsymbol{b}$ の変化分を $\Delta\boldsymbol{b}$ とし，もとの問題が次のように変化したとしよう．

$$\left.\begin{array}{ll}\text{minimize} & z = \boldsymbol{cx} \\ \text{subject to} & A\boldsymbol{x} = \boldsymbol{b} + \Delta\boldsymbol{b} \\ & \boldsymbol{x} \geqq \boldsymbol{0}\end{array}\right\} \tag{2.110}$$

制約式の右辺が $\boldsymbol{b}$ から $\boldsymbol{b} + \Delta\boldsymbol{b}$ に変化しても，(2.106), (2.108) より，シンプレックス乗数および最適性規準は変化しないことがわかる．このとき変化するのは，基底解 $\boldsymbol{x}_B$ と目的関数値 $\bar{z}$ だけであり，変化後の値に $*$ をつけて表せば

$$\boldsymbol{x}_B^* = B^{-1}(\boldsymbol{b} + \Delta\boldsymbol{b}) = \boldsymbol{x}_B + B^{-1}\Delta\boldsymbol{b} \tag{2.111}$$

$$\bar{z}^* = \boldsymbol{\pi}(\boldsymbol{b} + \Delta\boldsymbol{b}) = \bar{z} + \boldsymbol{\pi}\Delta\boldsymbol{b} \tag{2.112}$$

となる．したがって

(1) もし $\boldsymbol{x}_B^* \geqq \boldsymbol{0}$ ならば $\boldsymbol{x}_B^*$ がそのまま最適解となり，目的関数の変化値は $\boldsymbol{\pi}\Delta\boldsymbol{b}$ である．

(2) もし $\boldsymbol{x}_B^* \geqq \boldsymbol{0}$ でなければ基底変数に負のものが現れたことになるが，最適性規準 $\bar{c}_j \geqq 0$ (j : 非基底) は成立しているので，双対シンプレックス法を適用すればよい．

例 2.15 （**例 1.1** の生産計画の問題に対する感度分析）

例 1.1 の生産計画の問題において，利用可能な原料の最大量が次のように変更されたときの最適解を求めてみよう．

(1) M_1 の利用可能な最大量が 27 トンから 32 トンになったとき

(2) M_2 の利用可能な最大量が 16 トンから 23 トンになったとき

もとの問題の最適解は表 2.4 のサイクル 2 に示されているが，ここで便宜上，表 2.4 の標準形に対するタブロー (サイクル 0) と最適タブロー（サイクル 2）を表 2.15 に再記しておこう．

表 2.15 例 1.1 の標準形と最適タブロー

サイクル	基底	x_1	x_2	x_3	x_4	x_5	定数
標準形	x_3	2	[6]	1			27
	x_4	3	2		1		16
	x_5	4	1			1	18
	$-z$	-3	-8				0
最適タブロー	x_2		1	3/14	$-1/7$		3.5
	x_1	1		$-1/7$	3/7		3
	x_5			5/14	$-11/7$	1	2.5
	$-z$			9/7	1/7		37

ここで，標準形に対するタブローの x_3, x_4, x_5 の列は単位行列であるので，各サイクルにおける B^{-1} は単位行列の場所に入っている行列として得られる．$-\boldsymbol{\pi}$ も同様に x_3, x_4, x_5 の $-z$ の行に現れている．

このように，不等式制約の場合，不等号の向き $\leqq$ あるいは $\geqq$ に応じて導入されるスラック変数，あるいは余裕変数に対応するそれぞれの部分行列は I（単位行列）あるいは $-I$ となるので，各サイクルにおける B^{-1} あるいは $-B^{-1}$ がこれらの I あるいは $-I$ の場所に現れる．また，スラック変数あるいは余裕変数 x_{n+i} に対する最初の費用係数 c_{n+i} は 0 であることを考慮すれば，$\bar{c}_j = c_j - \boldsymbol{\pi}\boldsymbol{p}_j$ より不等号の向き $\leqq$ あるいは $\geqq$ に応じてそれぞれ $\pi_i = -\bar{c}_{n+i}$ あるいは $\pi_i = \bar{c}_{n+i}$ となることに注意しよう．

最適タブローにおける基底解は $\boldsymbol{x}_B = (x_2, x_1, x_5)^T$ で基底変数は x_2, x_1, x_5 であるので

$$B = [\,\boldsymbol{p}_2\ \boldsymbol{p}_1\ \boldsymbol{p}_5\,] = \begin{bmatrix} 6 & 2 & 0 \\ 2 & 3 & 0 \\ 1 & 4 & 1 \end{bmatrix}, \quad B^{-1} = \begin{bmatrix} 3/14 & -1/7 & 0 \\ -1/7 & 3/7 & 0 \\ 5/14 & -11/7 & 1 \end{bmatrix},$$

$$\boldsymbol{\pi} = (-9/7, -1/7, 0)$$

である.

(1) $\Delta \boldsymbol{b} = \begin{pmatrix} 5 \\ 0 \\ 0 \end{pmatrix}$ とおけば $\boldsymbol{b} = \begin{pmatrix} 27 \\ 16 \\ 18 \end{pmatrix}$ であるので

$$\begin{aligned} \boldsymbol{x}_B^* &= B^{-1}(\boldsymbol{b} + \Delta \boldsymbol{b}) \\ &= \begin{bmatrix} 3/14 & -1/7 & 0 \\ -1/7 & 3/7 & 0 \\ 5/14 & -11/7 & 1 \end{bmatrix} \begin{pmatrix} 32 \\ 16 \\ 18 \end{pmatrix} = \begin{pmatrix} 32/7 \\ 16/7 \\ 30/7 \end{pmatrix} \end{aligned}$$

$$\bar{z}^* = \boldsymbol{\pi}(\boldsymbol{b} + \Delta \boldsymbol{b}) = (-9/7, -1/7, 0) \begin{pmatrix} 32 \\ 16 \\ 18 \end{pmatrix} = -304/7$$

したがって, $\boldsymbol{x}_B^* \geq \boldsymbol{0}$ であり, $\boldsymbol{x}_B^*$ がそのまま最適基底解となり, 最適解

$x_2 = 32/7,\ x_1 = 16/7,\ x_5 = 30/7,\ (x_3 = x_4 = 0) \quad \min z = -304/7$

を得る.

(2) $\Delta \boldsymbol{b} = \begin{pmatrix} 0 \\ 7 \\ 0 \end{pmatrix}$ とおけば $\boldsymbol{b} = \begin{pmatrix} 27 \\ 16 \\ 18 \end{pmatrix}$ であるので

$$\boldsymbol{x}_B^* = B^{-1}(\boldsymbol{b} + \Delta \boldsymbol{b}) = B^{-1} \begin{pmatrix} 27 \\ 23 \\ 18 \end{pmatrix} = \begin{pmatrix} 5/2 \\ 6 \\ -17/2 \end{pmatrix}$$

$$\bar{z}^* = \boldsymbol{\pi}(\boldsymbol{b} + \Delta \boldsymbol{b}) = (-9/7, -1/7, 0) \begin{pmatrix} 27 \\ 23 \\ 18 \end{pmatrix} = -38$$

$\boldsymbol{x}_B^*$ の中に負のものが存在するので, 双対シンプレックス法を適用すれば, 表 2.16 の結果が得られる.

表 **2.16** $b_2 = 23$ に変更されたときのシンプレックス・タブロー

サイクル	基底	x_1	x_2	x_3	x_4	x_5	定数
I	x_2		1	3/14	−1/7		5/2
	x_1	1		−1/7	3/7		6
	x_5			5/14	[−11/7]	1	−17/2
	$-z$			9/7	1/7		38
II	x_2		1	2/11		1/11	36/11
	x_1	1		−1/22		3/11	81/22
	x_4			−5/22	1	−7/11	119/22
	$-z$			29/22		1/11	819/22

この例では1回のピボット操作で最適解

$$x_2 = 36/11,\ x_1 = 81/22 \quad (x_4 = 119/22,\ x_3 = x_5 = 0), \quad \min z = -819/22$$

が得られる. ■

なお，目的関数の係数 $\boldsymbol{c}$ が変化する場合には，影響を受けるのは最適性基準と目的関数値だけであるので，$\bar{c}_j$ の中に負のものが現れたときに，シンプレックス法を適用すればよいことがわかる.

章 末 問 題

2.1 次の問題を線形計画法で解くにはどのようにすればよいか検討せよ.

(1) （絶対値問題）

$$\begin{aligned} &\text{minimize} \quad z = \textstyle\sum_{j=1}^{n} c_j |x_j| \\ &\text{subject to} \quad \textstyle\sum_{j=1}^{n} a_{ij} x_j = b_i, \quad i = 1, 2, \ldots, m \end{aligned}$$

ここで $c_j > 0,\ j = 1, 2, \ldots, n$ で，$x_j,\ j = 1, 2, \ldots, n$ は自由変数である.

(2) （分数計画問題）

$$\begin{aligned} &\text{minimize} \quad z = \frac{\sum_{j=1}^{n} c_j x_j + c_0}{\sum_{j=1}^{n} d_j x_j + d_0} \\ &\text{subject to} \quad \textstyle\sum_{j=1}^{n} a_{ij} x_j = b_i, \quad i = 1, 2, \ldots, m \\ &\qquad\qquad x_j \geqq 0, \quad j = 1, 2, \ldots, n \end{aligned}$$

ただし，問題のすべての実行可能解の集合に対して $\sum_{j=1}^{n} d_j x_j + d_0 > 0$ とする.

(3) （ミニマックス問題）

$$\begin{aligned} &\text{minimize} \quad z = \max\left(\textstyle\sum_{j=1}^{n} c_j^1 x_j, \sum_{j=1}^{n} c_j^2 x_j, \ldots, \sum_{j=1}^{n} c_j^L x_j\right) \\ &\text{subject to} \quad \textstyle\sum_{j=1}^{n} a_{ij} x_j = b_i, \quad i = 1, 2, \ldots, m \\ &\qquad\qquad x_j \geqq 0, \quad j = 1, 2, \ldots, n \end{aligned}$$

2.2 次の問題を線形計画問題として定式化せよ.

(1) ある製造会社が2種類の製品AとBを生産している．製品Aは1 kg当たり3万円，Bは1 kg当たり2万円の利益が見込め，経営者は1日当たりの利益を最大化しようと計画している．しかし，各製品を作るに当たって労働時間制約，機械稼働時間制約，使用原料制約を満たさなければならない．すなわち，1日当たりの延べ労働時間は40時間で，製品Aを1 kg作るのに2時間の労働時間が，製品Bを1 kgについて5時間の労働時間が必要である．製品AとBを製造するための機械の使用可能な延べ稼働時間は1日当たり30時間で，このうち，製品Aの場合1 kg当たり3時間の機械稼働時間が，製品Bの場合1 kg当たり1時間の機械稼働時間が必要となる．製品AとBを作るには，ある原料が必要で，1日当たり使用可能量は39 kgである．製品Aを1 kg

生産するには 3 kg の原料が，製品 B を 1 kg 生産するには 4 kg の原料が必要となる．

(2) 品質の高い食肉牛を育てるためには，栄養バランスの良い配合飼料を与えることが重要である．食肉牛の管理者が配合飼料を 2 つの原料 A, B の配合により作るものとし，3 種類の栄養素 C, D, E の 1 日当たりの必要量を満たしたうえで，総費用を最小化する配合飼料を作る．原料 A は 1 g 当たり 9 円，原料 B は 1 g 当たり 15 円の費用がかかる．配合飼料を作るに当たり，栄養素 C, D, E に関する次の 3 つの制約を満たさなければならない．すなわち，原料 A と原料 B は 1 g 当たり，それぞれ栄養素 C を 9 mg と 2 mg 含んでいるが，1 日当たりの配合飼料には栄養素 C を 54 mg 以上含まなければならない．原料 A と原料 B は 1 g 当たり，それぞれ栄養素 D を 1 mg と 5 mg 含んでいるが，1 日当たりの配合飼料には栄養素 D を 25 mg 以上含まなければならない．原料 A と原料 B は 1 g 当たり，それぞれ栄養素 E を 1 mg と 1 mg 含んでいるが，1 日当たりの配合飼料には栄養素 E を 13 mg 以上含まなければならない．

2.3 ある標準形の線形計画問題に対して $\boldsymbol{x}^l = (x_1^l, x_2^l, \ldots, x_n^l)^T,\ l = 1, 2, \ldots, L$ がすべて最適解であれば，$\boldsymbol{x}^* = \sum_{l=1}^{L} \lambda_l \boldsymbol{x}^l$ もまた最適解であることを示せ．ここで λ_l は $\sum_{l=1}^{L} \lambda_l = 1$ をみたす非負の定数である．

2.4 自由変数のある線形計画問題において，$x_k = x_k^+ - x_k^-$, $x_k^+ \geqq 0$, $x_k^- \geqq 0$ と置き換えたいとき，x_k^+ と x_k^- が 1 つの実行可能基底解の中でともに基底変数にはなりえない理由を説明せよ．

2.5 次の 2 つの線形計画問題について考える．

$$\left.\begin{array}{ll} \text{minimize} & z = \boldsymbol{cx} \\ \text{subject to} & A\boldsymbol{x} = \boldsymbol{b} \\ & \boldsymbol{x} \geqq \boldsymbol{0} \end{array}\right\} \qquad \left.\begin{array}{ll} \text{minimize} & z = (\mu\boldsymbol{c})\boldsymbol{x} \\ \text{subject to} & A\boldsymbol{x} = (\lambda\boldsymbol{b}) \\ & \boldsymbol{x} \geqq \boldsymbol{0} \end{array}\right\}$$

ここで λ と μ は正の実数で，$A, \boldsymbol{b}, \boldsymbol{c}$ は両方の問題に共通の行列とベクトルである．このとき，2 つの問題の最適解の関係はどのようになるか？ また，もし λ と μ のいずれかが負であれば，そのような関係は成立しない理由を説明せよ．

2.6 次の線形計画問題をシンプレックス法で解け．

(1)
$$\begin{array}{ll} \text{minimize} & -2x_1 - 5x_2 \\ \text{subject to} & 2x_1 + 6x_2 \leqq 27 \\ & 8x_1 + 6x_2 \leqq 45 \\ & 3x_1 + \ \ x_2 \leqq 15 \\ & x_j \geqq 0,\ j = 1, 2 \end{array}$$

(2)
$$\begin{array}{ll} \text{minimize} & -3x_1 - 2x_2 \\ \text{subject to} & 2x_1 + 5x_2 \leqq 130 \\ & 6x_1 + 3x_2 \leqq 110 \\ & x_j \geqq 0,\ j = 1, 2 \end{array}$$

(3)
$$\begin{array}{ll} \text{minimize} & -3x_1 - \ \ 4x_2 \\ \text{subject to} & 3x_1 + 12x_2 \leqq 400 \\ & 6x_1 + \ \ 3x_2 \leqq 600 \\ & 8x_1 + \ \ 7x_2 \leqq 800 \\ & x_j \geqq 0,\ j = 1, 2 \end{array}$$

(4) minimize $-2.5x_1 - 5x_2 - 3.4x_3$
subject to
$$-5x_1 + 10x_2 + 6x_3 \leqq 425$$
$$2x_1 - 5x_2 + 4x_3 \leqq 400$$
$$3x_1 - 10x_2 + 8x_3 \leqq 600$$
$$x_j \geqq 0,\ j = 1,2,3$$

(5) minimize $-12x_1 - 18x_2 - 8x_3 - 40x_4$
subject to
$$2x_1 + 5.5x_2 + 6x_3 + 10x_4 \leqq 80$$
$$4x_1 + x_2 + 4x_3 + 20x_4 \leqq 50$$
$x_j \geqq 0,\ j = 2,3,4;\ x_1$は自由変数

(6) minimize $2x_1 - 3x_2 - x_3 + 2x_4$
subject to
$$-3x_1 + 2x_2 - x_3 + 3x_4 = 2$$
$$-x_1 + 2x_2 + x_3 + 2x_4 = 3$$
$$x_j \geqq 0,\ j = 1,2,3,4$$

2.7 次の問題をシンプレックス法で解け.

(1) minimize $|x_1| + 4|x_2| + 2|x_3|$
subject to
$$2x_1 + x_2 \leqq 3$$
$$x_1 + 2x_2 + x_3 = 5$$

(2) minimize $\dfrac{-x_1 + 4x_2 + x_3 + 1}{x_1 + 2x_2 + x_3 + 1}$
subject to
$$2x_1 - 2x_2 + x_3 \leqq 1$$
$$x_1 + 2x_2 - x_3 \geqq 1.5$$
$$x_j \geqq 0,\ j = 1,2,3$$

(3) minimize $\max\,(-x_1 + 2x_2 - x_3, -2x_1 + 3x_2 - 2x_3, x_1 - x_2 - 2x_3)$
subject to
$$2x_1 + x_2 + x_3 \leqq 5$$
$$2x_1 + 2x_2 + 5x_3 \leqq 10$$
$$x_j \geqq 0,\ j = 1,2,3$$

2.8 Bland の巡回対策を含めたシンプレックス法では，巡回は決して起こらず，有限回で終了することを証明するには，手順 1B，手順 3B を用いたにもかかわらず，巡回が起こったと仮定して矛盾を導けばよい．このことを次のようにして証明せよ．

(1) 巡回に入り込んだ後，基底に取り入れられる変数の添字の集合を T（T はまた巡回に入り込んだ後，基底から出る変数の添字の集合でもある）とし，T の中で最大のものを $q = \max\{j \mid j \in T\}$ とする．x_q は，巡回中，何回でも基底から出るし，また，何回でも基底に取り入れられるが，x_q が基底に入る直前の基底変数の添字の集合を I，非基底変数の添字の集合を $J = \{1, 2, \ldots, n\} - I$ とし，そのときの正準形を

$$x_i + \sum_{j \in J} \bar{a}_{ij} x_j = \bar{b}_i,\quad i \in I, \qquad -z + \sum_{j \in J} \bar{c}_j x_j = -z$$

とし，次に x_q が基底から出るときの基底変数の添字の集合を I'，非基底変数の添字の

集合を $J' = \{1, 2, \ldots, n\} - I'$ とし，そのときの正準形を

$$x_i + \sum_{j \in J'} \bar{a}'_{ij} x_j = \bar{b}_i, \quad i \in I', \qquad -z + \sum_{j \in J'} \bar{c}'_j x_j = -z$$

とする（右辺は変わらないことに注意）．ここで q の代わりに I' に入る基底変数の添字を $t \in J'$ とすれば，q と t の定義から $\bar{c}_q < 0$, $\bar{c}'_t < 0$, $\bar{a}'_{qt} > 0$, $t \in T$, $t < q$ である．I', J' に関する正準形において，非基底変数のうち x_t だけを -1 とし，残りの非基底変数 $x_j, j \in J' - \{t\}$ をゼロとおくことにより，$-\bar{c}'_t = \sum_{j \in J} \bar{c}_j x_j$ なる関係が得られることを示せ．

(2) $\bar{c}'_t < 0$ より（1）で得られた関係式の右辺には正の項が存在しなければならないので，それを $\bar{c}_r x_r > 0$, $r \in J$ とすれば，$r < q$ となることを示せ．

(3) $x_r = \bar{a}'_{rt} > 0$ となることを示して，矛盾を導け．

2.9 E.M.L. Beale による次の問題を，x_5, x_6, x_7 を初期の基底変数として通常のシンプレックス法で解いて，巡回の生じることを確かめてみよ．次に，Bland の巡回対策を含めたシンプレックス法で解いて最適解を求めよ．

$$\begin{array}{lllllllll}
\text{minimize} & (-3/4)x_1 & +150x_2 & -(1/50)x_3 & +6x_4 & & & & \\
\text{subject to} & (1/4)x_1 & -60x_2 & -(1/25)x_3 & +9x_4 & +x_5 & & & = 0 \\
 & (1/2)x_1 & -90x_2 & -(1/50)x_3 & +3x_4 & & +x_6 & & = 0 \\
 & & & x_3 & & & & +x_7 & = 1 \\
 & & & x_j \geqq 0, & j = 1, 2, \ldots, 7 & & & &
\end{array}$$

2.10 シンプレックス乗数ベクトル $\boldsymbol{\pi}$ は，等式制約式の右辺定数列ベクトルに $\boldsymbol{\pi}$ を掛けて得られた結果を目的関数 z の式から引いたときに，基底変数の係数が 0 になるようなベクトルであると定義してもよいことを説明せよ．

2.11 改訂シンプレックス法において，x_s を r 番目の基底変数としたとき，x_r が非基底変数になるため，現在の $(m+1) \times (m+1)$ 拡大基底行列 $\hat{B}$ から $\boldsymbol{p}_r$, c_r を取り除いて，その代わりに $\boldsymbol{p}_s$, c_s を入れた新たな $(m+1) \times (m+1)$ 拡大基底行列 $\hat{B}^*$ に変化したとき，$\hat{B}^{*-1}$ を直接計算しないで，$\bar{a}_{rs}$ に関するピボット操作により，$\hat{B}^{-1}$ から $\hat{B}^{*-1}$ が求められることを次のようにして証明せよ．

(1)

$$\hat{B}^{-1}\hat{B}^* = \left[\begin{array}{ccccc|c}
1 & & \bar{a}_{1s} & & & \\
 & \ddots & \vdots & & & \\
 & & \bar{a}_{rs} & & & \\
 & & \vdots & \ddots & & \\
 & & \bar{a}_{ms} & & 1 & \\
\hline
 & & \bar{c}_s & & & 1
\end{array}\right]$$

となることを確認せよ．ただし，空欄の部分は 0 である．

(2) $(m+1) \times (m+1)$ 単位行列 $\hat{I}$ の第 r 列のみを，上から順に $-\bar{a}_{1s}/\bar{a}_{rs}$,

$\ldots,\ -\bar{a}_{r-1,s}/\bar{a}_{rs},\ 1/\bar{a}_{rs},\ -\bar{a}_{r+1,s}/\bar{a}_{rs},\ \ldots,\ -\bar{a}_{ms}/\bar{a}_{rs},\ -\bar{c}_s/\bar{a}_{rs}$ で置き換えた $(m+1)\times(m+1)$ 正方正則行列

$$\hat{E} = \left[\begin{array}{ccccc|c} 1 & & -\bar{a}_{1s}/\bar{a}_{rs} & & & \\ & \ddots & \vdots & & & \\ & & 1/\bar{a}_{rs} & & & \\ & & \vdots & \ddots & & \\ & & -\bar{a}_{ms}/\bar{a}_{rs} & & 1 & \\ \hline & & -\bar{c}_s/\bar{a}_{rs} & & & 1 \end{array}\right]$$

を導入して $\hat{B}^{*-1} = \hat{E}\hat{B}^{-1}$ なる関係を導け.

(3) 現在の拡大基底逆行列 $\hat{B}^{-1}$ に対して $\bar{a}_{rs}$ に関するピボット操作を行えば，新たな拡大基底逆行列 $\hat{B}^{*-1}$ が求められることを確認せよ.

さらに，現在の $\bar{\boldsymbol{b}}$, $-\bar{z}$ に対して $\bar{a}_{rs}$ に関するピボット操作を行えば，新たな定数 $\bar{\boldsymbol{b}}^*$, $-\bar{z}^*$ が求められることを確認せよ．このように，$\hat{E}$ を拡大連立方程式 (2.72) の左から掛けることが 1 回のピボット操作に対応するので，$\hat{E}$ はピボット行列あるいは基本行列とよばれる.

2.12 問題 2.6 で解いた線形計画問題を改訂シンプレックス法で解け.

2.13 次の問題の双対問題はもとの問題と等価であることを示せ.

$$\begin{array}{lrrrl} \text{minimize} & x_1 & +x_2 & +x_3 & \\ \text{subject to} & & -x_2 & +x_3 & \geqq -1 \\ & x_1 & & -x_3 & \geqq -1 \\ & -x_1 & +x_2 & & \geqq -1 \\ & & \multicolumn{3}{l}{x_j \geqq 0,\quad j=1,2,3} \end{array}$$

このような線形計画問題は**自己双対線形計画問題**として知られている．一般に線形計画問題

$$\begin{array}{ll} \text{minimize} & \boldsymbol{cx} \\ \text{subject to} & A\boldsymbol{x} \geqq \boldsymbol{b} \\ & \boldsymbol{x} \geqq \boldsymbol{0} \end{array}$$

において，A が正方行列のとき，この問題が自己双対であるための $\boldsymbol{c}$, A, $\boldsymbol{b}$ のみたすべき条件を求めよ.

2.14 標準形の線形計画問題とその双対問題の実行可能解 $\boldsymbol{x}^o$, $\boldsymbol{\pi}^o$ が，それぞれの問題の最適解であるための必要十分条件は $(\boldsymbol{c} - \boldsymbol{\pi}^o A)\boldsymbol{x}^o = 0$ であるという**相補定理**を証明せよ.

2.15 任意の行列 A に対して，次の命題のいずれか一方だけが成立するという **Gordon の定理**を証明せよ.

(1) $A\boldsymbol{x} = \boldsymbol{0}$ に $\boldsymbol{x} \geqq \boldsymbol{0}$ をみたす解 $\boldsymbol{x} \neq \boldsymbol{0}$ が存在する.

(2) $\boldsymbol{\pi} A < \mathbf{0}^T$ に解 $\boldsymbol{\pi}$ が存在する.

2.16 次の線形計画問題を双対シンプレックス法で解け.

(1)
$$\begin{array}{ll} \text{minimize} & 4x_1 + 3x_2 \\ \text{subject to} & x_1 + 3x_2 \geqq 12 \\ & x_1 + 2x_2 \geqq 10 \\ & 2x_1 + x_2 \geqq 9 \\ & x_j \geqq 0, \quad j = 1, 2 \end{array}$$

(2)
$$\begin{array}{ll} \text{minimize} & 3x_1 + 5x_2 \\ \text{subject to} & 2x_1 + 3x_2 \geqq 20 \\ & 2x_1 + 5x_2 \geqq 22 \\ & 5x_1 + 3x_2 \geqq 25 \\ & x_j \geqq 0, \quad j = 1, 2 \end{array}$$

(3)
$$\begin{array}{ll} \text{minimize} & 4x_1 + 2x_2 + 3x_3 \\ \text{subject to} & 5x_1 + 3x_2 - 2x_3 \geqq 10 \\ & 3x_1 + 2x_2 + 4x_3 \geqq 8 \\ & x_j \geqq 0, \quad j = 1, 2, 3 \end{array}$$

(4)
$$\begin{array}{ll} \text{minimize} & 4x_1 + 8x_2 + 3x_3 \\ \text{subject to} & 2x_1 + 5x_2 + 3x_3 \geqq 185 \\ & 3x_1 + 2.5x_2 + 8x_3 \geqq 155 \\ & 8x_1 + 10x_2 + 4x_3 \geqq 600 \\ & x_j \geqq 0, \quad j = 1, 2, 3 \end{array}$$

2.17 例 1.1 の生産計画の問題において, 利用可能な原料の最大量が次のように変更されたときの最適解を感度分析の手法により求めよ.

(1) M_1 の利用可能な最大量が 27 トンから 33 トンになったとき

(2) M_2 の最大量が 16 トンから 21 トンになったとき

2.18 問題 2.6 の (1) で解いた線形計画問題において, 右辺定数が, (1) 27 から 30 になったとき, (2) 45 から 51 になったときの最適解を感度分析の手法により求めよ.

2.19 双対シンプレックス法に基底逆行列を用いる改訂シンプレックス法の考えを適用して, 改訂双対シンプレックス法の手順を導いてみよ.

2.20 例 2.3 の栄養の問題を改訂双対シンプレックス法で解け.

3 Excel ソルバーによる定式化と解法

これまで，シンプレックス法の手順に基づいて，生産計画の問題や栄養の問題などの簡単な数値例に対して，シンプレックス・タブローを更新することにより最適解を求めてきた．しかし，現実の意思決定問題を線形計画問題として定式化した場合には，一般に変数の数や制約式の数が多くなるので，定式化した問題をシンプレックス・タブローを用いて直接解くことは困難になり，数値計算上きわめて非効率でもある．ところが，シンプレックス法のアルゴリズムは，プログラミング言語を用いて比較的容易に記述することができるため，市販のソフトウェアのみならずフリーソフトウェアを含め，線形計画問題を解くためのプログラムが数多く開発されている．本章では，表計算ソフトとして幅広く普及している Excel を用いて，前章で数値例として取り上げた 2 種類の線形計画問題を解く手続きをわかりやすく説明する．

3.1 Excel ソルバーの設定

Excel は表計算ソフト，あるいはスプレッドシートとよばれるアプリケーション・ソフトウェアの一種であり，作表作業だけでなくマクロプログラムの作成など幅広い機能を備えている．ここでは，現時点での最新バージョンである Excel 2010 を用いて説明するが，旧バージョンの Excel でも，画面表示が少し異なるがほぼ同様に動作する．Excel 2010 には，そのままでは線形計画問題を解く機能が備わっていない．アドインソフトであるソルバーとよばれるプログラムを Excel に追加してインストールすることにより，初めて Excel 上で線形計画問題を解くことができる状態になる．

Excel のソルバーアドインをインストールすることにしよう．Excel を起動した後，図 3.1 に示す画面の左端の [ファイル] タグをクリックする．新しい画面の右下にある [オプション] をクリックすると，図 3.2 の Excel のオプション画面が開く．この画面の左側にある [アドイン] をクリックすると，図 3.3 に示されるア

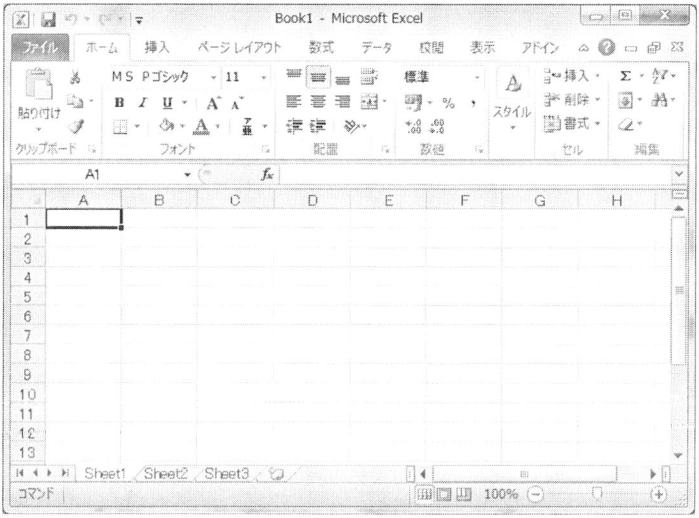

図 **3.1**　Excel 初期画面

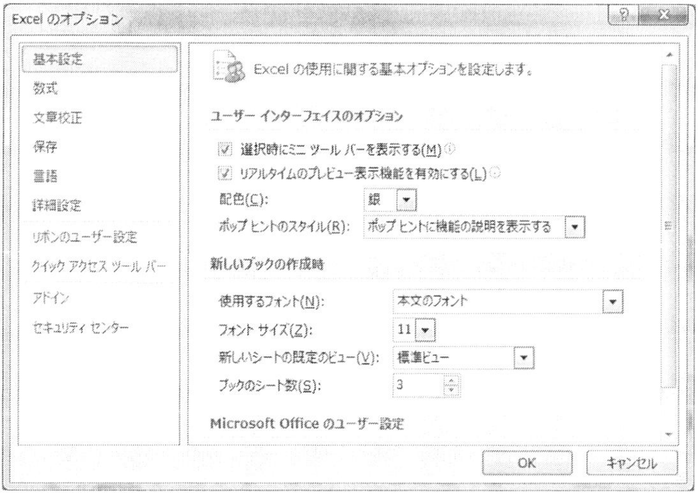

図 **3.2**　Excel のオプション

ドイン用プログラムの一覧が表示される．

図 3.3 の画面から，[ソルバーアドイン] がアクティブでない，すなわちまだインストールされていないことがわかる．そこで，[ソルバーアドイン] を追加イン

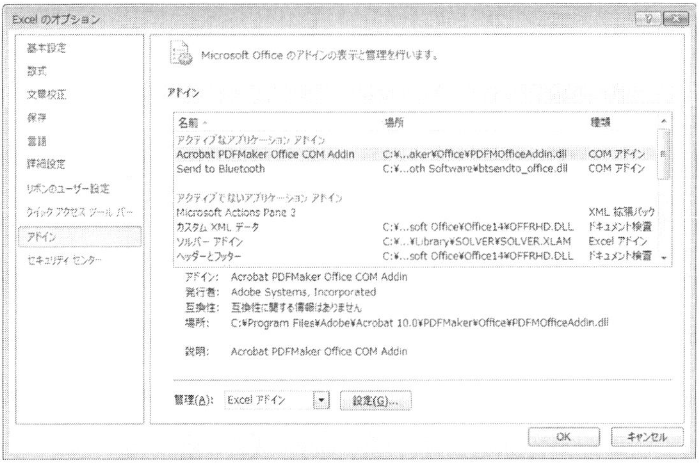

図 3.3　アドイン用プログラムの一覧

ストールして Excel 上で利用できるようにするため，[設定] ボタンをクリックすると図 3.4 の画面が表示される．

図 3.4 のアドイン画面で [ソルバーアドイン] のチェックボックスにチェックを付けて [**OK**] ボタンをクリックしてソルバーアドインプログラムを追加インストールする．インストール作業が終了した後，Excel の [データ] タグをクリックする

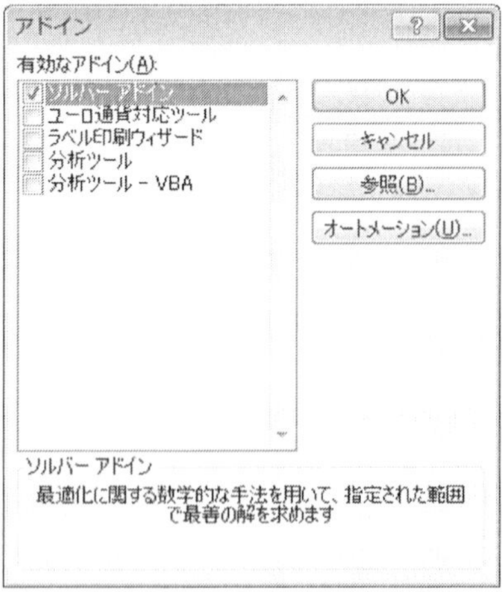

図 3.4　ソルバーのアドイン

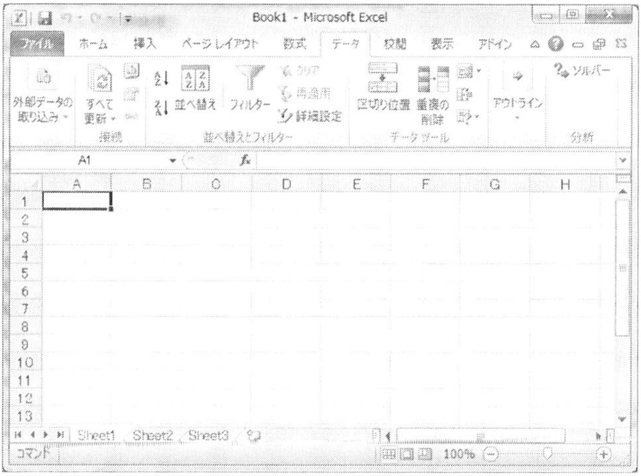

図 **3.5**　[ソルバー] アイコンの表示

と，図 3.5 に示されるように右端の [分析] グループに [ソルバー] 機能が新たに追加されているのが確認できる．

3.2　生産計画の問題

例 1.1 の生産計画の問題をソルバーを用いて解いてみよう．図 3.5 の Excel のシート上で，メニューバーの [データ] を選択して，[ソルバー] タグをクリックすると，図 3.6 のような線形計画問題を定義するための画面が表示される．

図 3.6 のパラメータ設定画面では，目的関数を定義する [目的セルの設定]，目的関数を最大化かあるいは最小化するのかを定義する [目標値]，決定変数をシート上で定義する [変数セルの変更]，制約条件を定義する [制約条件の対象] などで Excel シート上のデータとソルバーを関連づけて設定することにより，線形計画問題を解くことできる．また，Excel のソルバーでは，線形計画問題のみならず，目的関数や制約式が必ずしも線形ではない非線形計画問題も解くことができる．そこで，線形計画問題を解く場合は，[解決方法の選択] で「シンプレックス **LP**」を選択する必要がある．

[ソルバー] タグをクリックする前に，線形計画問題のデータを準備するために，あらかじめ Excel のシート上で次の作業を行う必要がある．

1)　各決定変数にセルを割り当てる．

2)　目的関数にセルを割り当てて，そのセルに決定変数および係数のセル番号

図 **3.6**　ソルバー：パラメータ設定

を引用して目的関数を定義する.

3) 各制約式左辺にセルを割り当てて，そのセルに決定変数および係数のセル番号を引用して制約関数を定義する.

4) 各制約式右辺にセルを割り当てて，そのセルに制約式右辺定数を入力する.

実際に，次の例 1.1 で示した生産計画の問題を Excel ソルバーで解いてみよう.

$$\begin{aligned} \text{minimize} \quad & z = -3x_1 - 8x_2 \\ \text{subject to} \quad & 2x_1 + 6x_2 \leqq 27 \\ & 3x_1 + 2x_2 \leqq 16 \\ & 4x_1 + x_2 \leqq 18 \\ & \quad x_1 \geqq 0,\ x_2 \geqq 0 \end{aligned}$$

ソルバーを用いて線形計画問題を Excel 上で定式化する場合，シンプレックス法で行ったように，あらかじめ不等式制約式を等式制約式に変換する必要はない. したがって，スラック変数，余裕変数，人為変数を導入する煩わしさがなく，問題設定のとおり直接 Excel シート上に定式化すればよい. また，目的関数の最大化あるいは最小化の設定も，ソルバーパラメータの設定により切り替え可能である. Excel シート上の問題設定には定まった方式はなく，ユーザの理解しやすい形式にまとめればよい．生産計画の問題の定式化が示されている図 3.7 の Excel シートでの表現はその一例であり，ここでは行方向に変数が並べられているが，列方向に並べていくことも可能である．図 3.7 の Excel シートでは，列 A にはわかりやすいように「変数」，「目的関数係数」，…，「原料 M_3 制約係数」などの見出しがつけてある．また，列 E，列 F の「原料 M_1 制約左辺」，…，「原料 M_3 制約右辺」や，セル B1 と C1 の「x1」と「x2」も単なる見出しであり，計算と直接関係はないことに注意しよう．ソルバーを用いて線形計画問題を解く手続きは次に示す 7 つの手順からなる．

手順 1：各決定変数にセルを割り当てる．

生産計画の問題の決定変数 x_1 と x_2 をセル B2 とセル C2 に割り当てる．これらのセルには初期値として 0 を設定しておく．ここで，セル B1 と C1 に表示されている x1 と x2 は単なる見出しであり，実際の変数値はセル B2 と C2 であることに注意しよう．

手順 2：目的関数と各制約式左辺の係数を入力する．

目的関数の決定変数 x_1 と x_2 にかかる係数をセル B3 とセル C3 に入力する．同様に，原料 M_1 制約，原料 M_2 制約，原料 M_3 制約の 3 個の不等式制約式の左辺の係数をそれぞれ，セル B4 とセル C4，セル B5 とセル C5，セル B6 とセル C6 に入力しておく．この作業は，目的関数や制約関数を単一のセルに直接定義する場合には必ずしも必要ではないが，ここでは Excel の SUMPRODUCT 関数を用いて関数を定義するために，決定変数の行の直下にすべての係数を並べて入力する．このように係数をセルに入力しておくこ

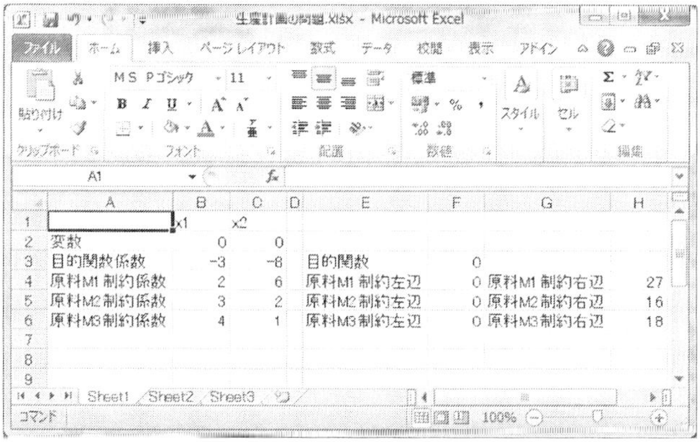

図 **3.7** Excel 上での生産計画の問題の定式化

とによって，係数に変動があった場合，これらのセルの値を変更するだけで容易に再計算できる．

手順 3：目的関数と各制約式左辺の関数を定義する．

まず，目的関数を定義するため，セル F3 に次の関数式を入力する．

=SUMPRODUCT($B$2:$C$2,B3:C3)

SUMPRODUCT 関数は，セル B2 から C2 とセル B3 から C3 の各要素の積和，すなわち B2×B3 + C2×C3 を計算することによって，この例では式 $-3x_1 - 8x_2$ を定義する関数である．ここで，$B$2 や$C$2 のように$記号がついていると「絶対番地」を表し，$記号がついていないと「相対番地」を表す．このように定義しておくと，セル F3 をコピーし，セル F4 から F6 までペーストすれば，制約式左辺の関数も適切に定義される．つまり，変数 x_1 と x_2 の値はセル B2 とセル C2 で常に固定で，変数 x_1 と x_2 の係数は目的関数や各制約式ごとに異なるようにコピーされる．実際のセル F4 から F6 の内容は

=SUMPRODUCT($B$2:$C$2,B4:C4)
=SUMPRODUCT($B$2:$C$2,B5:C5)
=SUMPRODUCT($B$2:$C$2,B6:C6)

となる．

手順 4：各制約式右辺の値を入力する．

縦方向にセル H4 からセル H6 に制約式右辺の値を入力する．手順 1 から手順 4 までの操作により，入力した関数や値の「内容」を図 3.8 に表示するの

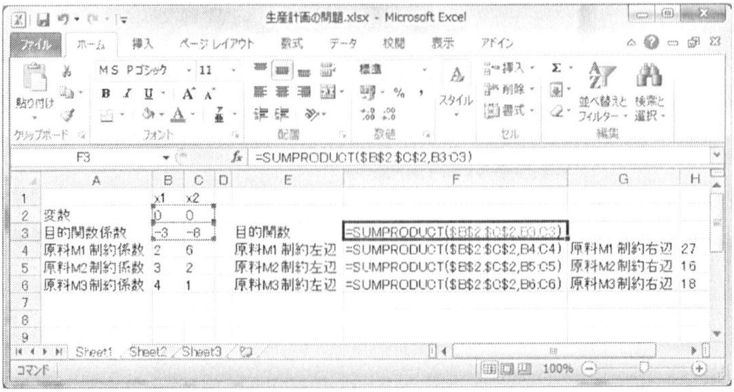

図 **3.8**　Excel 上での生産計画の問題の定式化（入力関数表示画面）

で，確認しておこう（図 3.7 の状態でキーボードの [CTRL] と [SHIFT] と [@] を同時に押すと図 3.8 の入力関数表示画面に切り替わり，再度 [CTRL] と [SHIFT] と [@] を同時に押すともとに戻る）．

手順 5：ソルバーのパラメータ設定画面で線形計画問題を定義する．

メニューバーの [データ] を選択して [ソルバー] をクリックすると，図 3.9 のパラメータ設定画面が表示される．この画面の [目的セルの設定] には目的関数を定義したセル番地 B8 を指定し，[変数セルの変更] には決定変数のセル番地 B2:C2 を設定する．ここで，B2:C2 の表記は Excel においてセル B2 からセル C2 の範囲を意味する．[制約条件の対象] のボックスについては，[追加] ボタンをクリックした後，3 個の制約式左辺のセル番地 F4:F6 と 3 個の制約式右辺のセル番地 H4:H6 を設定し，不等号 ≦ をそれぞれ選択することにより 3 個の不等式制約式を定義する（カーソルで指定するとセル番地は，図 3.9 に示されるように，たとえば $F$3 のような絶対番地の表現で指定される）．これまでの操作で，決定変数，目的関数および 3 個の不等式制約式

図 **3.9**　ソルバー：パラメータ設定

がソルバー上で定義されたことになる.

さらに, 決定変数は非負変数なので, [**制約のない変数を非負数にする**] にチェックし, [**解決方法の選択**] では「**シンプレックス LP**」を選択する（ソルバーでは線形計画問題のみならず, 非線形計画問題にも対応しているので, この選択が必要になる）. ここまで入力できたら, [**解決**] ボタンをクリックする.

手順 6：ソルバーの計算結果の指定を設定してプログラムを実行する.

手順 5 で [**解決**] ボタンをクリックすると, 図 3.10 に示されるソルバーの計算結果を指定する画面が表示される. ここで, 右側のレポート [**解答・感度・条件**] の 3 つを選択状態にして, [**OK**] ボタンをクリックすると, 解答レポート, 感度レポート, 条件レポートの 3 つのシートが新たに作成されると同時に, 定義された生産計画の問題がソルバーにより解かれ, 最適解が Excel の画面上に表示される. 図 3.11 に示されるように, 変数 x_1 と x_2 の値に対応するセル B2 と C2 に 3 と 3.5 が表示されている. これは最適解が $(x_1^*, x_2^*) = (3, 3.5)$ であることを示し, シンプレックス法を用いて解いた結果と一致していることが確認できる.

手順 7：実行結果レポートを確認する.

Excel 画面の一番下の [**解答レポート**] タグをクリックすると図 3.12 に示されるような解答レポートが示される. 解答レポートのシートには, 決定変数や

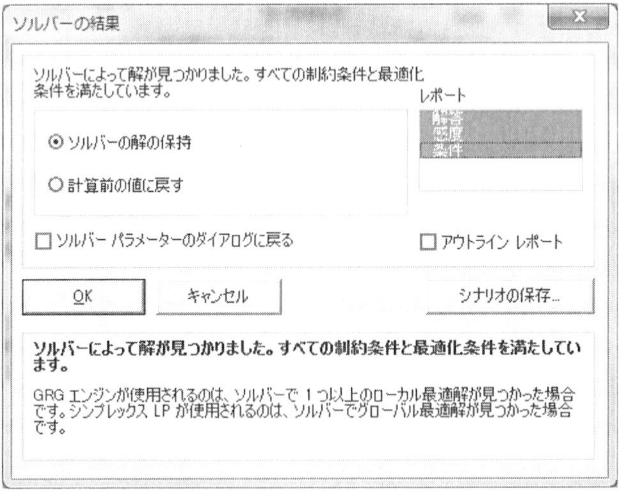

図 **3.10**　ソルバーの計算結果の指定

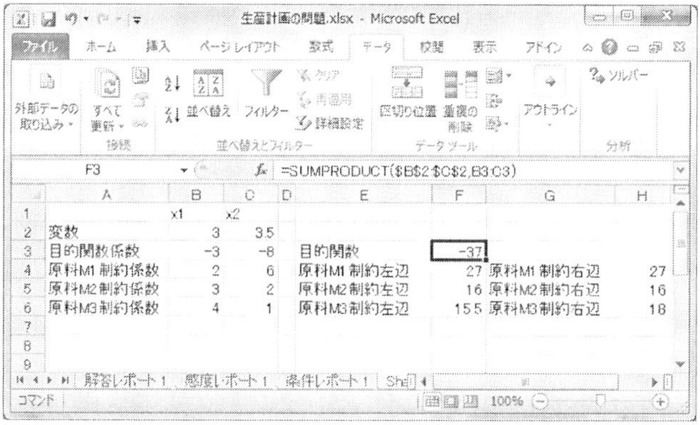

図 **3.11** Excel 上での生産計画の問題の計算結果

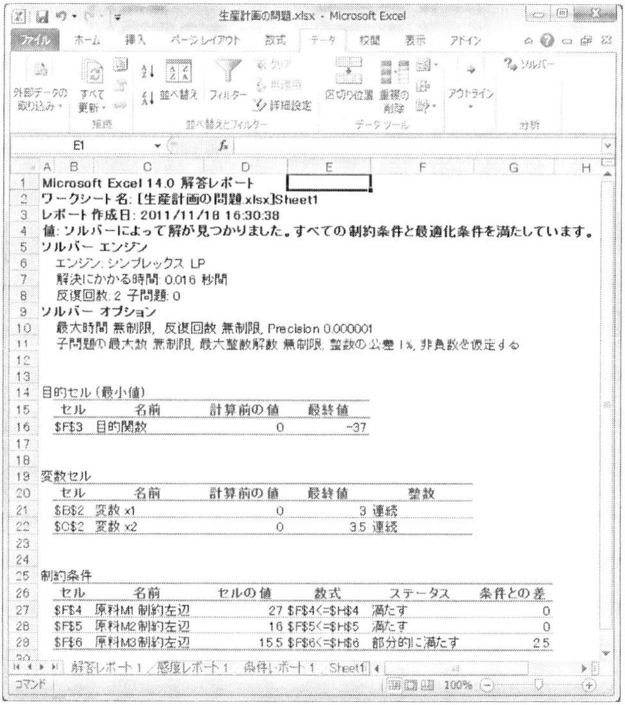

図 **3.12** 生産計画の問題の解答レポート

目的関数の初期値と最適解における値のみならず，最適解における制約式の左辺の値と右辺の値の比較などが，目的関数，決定変数，制約条件の順に簡単にまとめられている．

感度レポートのシートを図 3.13 に示す．感度レポートのシートの「限界コスト」に注目しよう．これは，変数 x_1, x_2 をそれぞれ 1 単位増加させたときの目的関数の変化量，すなわち相対費用係数を表している．実際，シンプレックス法の説明で使用した表 2.4 の相対費用係数（サイクル 2：$-z$ 行 x_1, x_2 列）の値と一致していることに注意しよう．同様に，「潜在価格」は，表 2.4 の相対費用係数（サイクル 2：$-z$ 行 x_3, x_4, x_5 列）の値にマイナスをつけた値と一致している．たとえば，表 2.4 の相対費用係数（サイクル 2：$-z$ 行 x_3 列）が 9/7 であるのに対して，潜在価格は -1.285714286 となっている．これは，表 2.4 の相対費用係数はスラック変数 x_3 が 1 単位増加したときの目的関数の感度であるのに対して，潜在価格の方は右辺の利用可能量が 1 単位増加したときの目的関数の感度を表しており，スラック変数（左辺の増加量）と利用可能量（右辺の増加量）がともに逆の変化をすることによる．

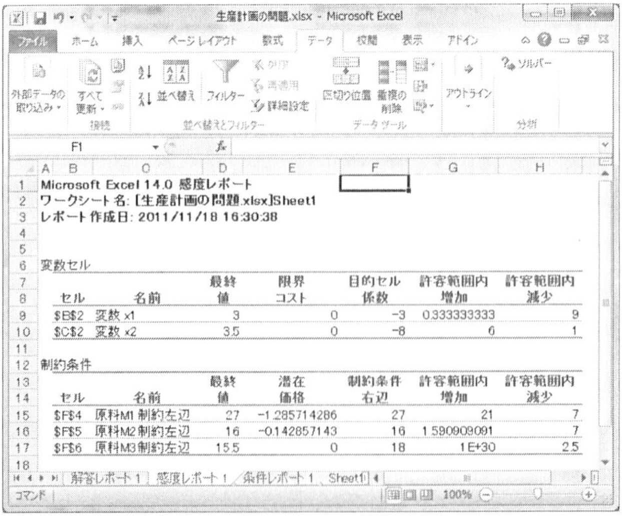

セル	名前	最終値	限界コスト	目的セル係数	許容範囲内増加	許容範囲内減少
$B$2	変数 x1	3	0	−3	0.333333333	9
$C$2	変数 x2	3.5	0	−8	6	1

セル	名前	最終値	潜在価格	制約条件右辺	許容範囲内増加	許容範囲内減少
$F$4	原料M1 制約左辺	27	−1.285714286	27	21	7
$F$5	原料M2 制約左辺	16	−0.142857143	16	1.590909091	7
$F$6	原料M3 制約左辺	15.5	0	18	1E+30	2.5

図 **3.13** 生産計画の問題の感度レポート

3.3 栄養の問題

さらに，次に示す例 2.3 の栄養の問題をソルバーを用いて解いてみよう．

$$
\begin{aligned}
\text{minimize} \quad & z = 4x_1 + 3x_2 \\
\text{subject to} \quad & x_1 + 3x_2 \geqq 12 \\
& x_1 + 2x_2 \geqq 10 \\
& 2x_1 + x_2 \geqq 15 \\
& \quad x_1 \geqq 0,\ x_2 \geqq 0
\end{aligned}
$$

栄養の問題に対してシンプレックス法を適用する場合，余裕変数 x_3, x_4, x_5 と人為変数 x_6, x_7, x_8 を導入することにより，標準形の線形計画問題に変換した．しかしソルバーでは，設定された問題のとおり直接 Excel シート上で定式化するだけで線形計画問題を解くことができる．生産計画の問題の場合と同様に，栄養の問題に対して Excel シート上に決定変数，目的関数，不等式制約式の左辺と右辺を定義し，次の 7 つの手順からなる手続きに従って最適解を求めよう．

手順 1： 各決定変数にセルを割り当てる．

栄養の問題の決定変数 x_1 と x_2 をセル B2 とセル C2 に割り当てる．これらのセルには初期値として 0 を設定しておく．

手順 2： 目的関数と各制約式左辺の係数を入力する．

目的関数の決定変数 x_1 と x_2 にかかる係数をセル B3 とセル C3 に入力する．同様に，栄養素 N_1 に関する制約，栄養素 N_2 に関する制約，栄養素 N_3 に関する制約の 3 個の不等式制約式の左辺の係数をそれぞれ，セル B4 とセル C4，セル B5 とセル C5，セル B6 とセル C6 に入力しておく．

手順 3： 目的関数と各制約式左辺の関数を定義する．

目的関数を定義するため，セル F3 に次の関数式を入力する．

=SUMPRODUCT($B$2:$C$2,B3:C3)

SUMPRODUCT 関数を用いて，セル B2 から C2 とセル B3 から C3 の各要素の積和，すなわち B2×B3 + C2×C3 を計算することによって，式 $4x_1+3x_2$ を定義する．さらに，セル F3 をコピーし，セル F4 から F6 までペーストすることによって，制約式の左辺の式を定義する．セル F4 から F6 の内容は次のようになる．

=SUMPRODUCT($B$2:$C$2,B4:C4)

=SUMPRODUCT($B$2:$C$2,B5:C5)

=SUMPRODUCT($B$2:$C$2,B6:C6)

手順 4： 各制約式右辺の値を入力する．

縦方向にセル H4 からセル H6 に制約式右辺の値を入力する．手順 1 から手順 4 までの操作により，入力した関数や値の「内容」を図 3.14 に表示するので，確認しておこう．

手順 5： ソルバーのパラメータ設定画面で線形計画問題を定義する．

生産計画の問題の定式化と同様に，栄養の問題をソルバーのパラメータ設定画面で定義する．パラメータ設定画面の [目的セルの設定] には目的関数を定義したセル番地 F3 を指定し，[変数セルの変更] には決定変数のセル番地 B2:C2 を設定する．[制約条件の対象] のボックスについては，[追加] ボタンをクリックした後，3 個の制約式左辺のセル番地 F4:F6 と 3 個の制約式右辺のセル番地 H4:H6 を設定し，不等号 $\geqq$ をそれぞれ選択することにより 3 個の不等式制約式を定義する．これまでの操作で，決定変数，目的関数および 3 個の不等式制約式がソルバー上で定義されたことになる．栄養の問題では，3 個の不等式制約式の不等号の向きは，生産計画の問題の逆であることに注意しよう．

手順 6： ソルバーの計算結果を指定してプログラムを実行する．

[解決] ボタンをクリックすると，ソルバープログラムが起動して定義された栄養の問題が解かれ，その最適解が Excel シートの画面上に表示される．最適解 $(x_1^o, x_2^o) = (6.6, 1.8)$ となっており，2 段階法を用いて解いた結果と一致していることが確認できる．

手順 7： 実行結果レポートを確認する．

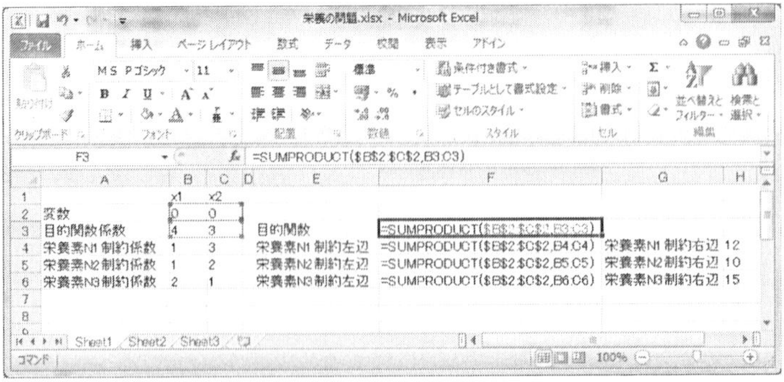

図 3.14　Excel シート上での栄養の問題の定義

[解決] ボタンをクリックした後，[解答・感度・条件] の 3 つを選択状態にして，[**OK**] ボタンをクリックすると，解答レポート，感度レポート，条件レポートの 3 つのシートが新たに作成される．解答レポートを図 3.15 に示す．表 2.7 の最適シンプレックス・タブローと図 3.15 の解答レポートとを比較してみよう．表 2.7 の最適目的関数値は $-z = -31.8$ であり，解答レポートの目的セルは 31.8 であるから目的関数値は一致している．表 2.7 の決定変数 $(x_1, x_2, x_4) = (6.6, 1.8, 0.2)$ に対して，解答レポートの 21, 22 行目および 28 行目の値が一致している．ここで，余裕変数 x_4 は，栄養素 N_2 の最低必要量 10mg を上回る量を表している．

感度レポートのシートを図 3.16 に示す．表 2.7 の相対費用係数（サイクル 3：$-z$ 行）の x_1, x_2 列がそれぞれ 0 であるのに対して，感度レポートのシートの限界コスト（9, 10 行目）も 0 となっている．同様に，余裕変数 x_3, x_4,

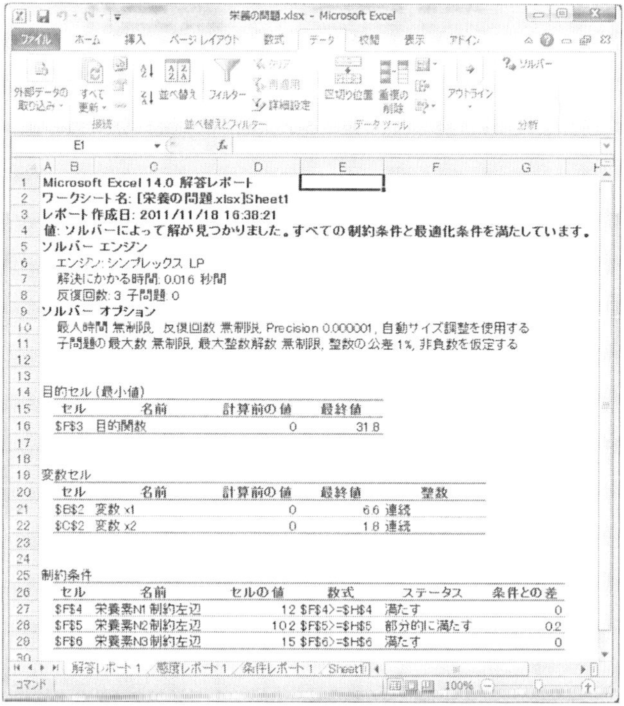

図 **3.15** 栄養の問題の解答レポート

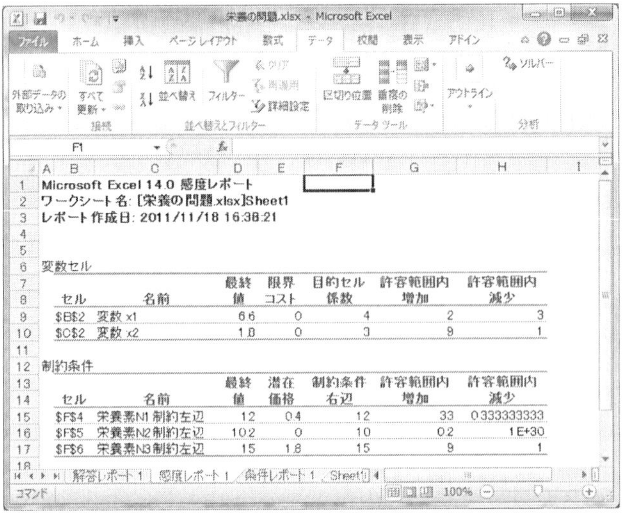

Microsoft Excel 14.0 感度レポート
ワークシート名: [栄養の問題.xlsx]Sheet1
レポート作成日: 2011/11/18 16:38:21

変数セル

セル	名前	最終値	限界コスト	目的セル係数	許容範囲内増加	許容範囲内減少
$B$2	変数 x1	6.6	0	4	2	3
$C$2	変数 x2	1.8	0	3	9	1

制約条件

セル	名前	最終値	潜在価格	制約条件右辺	許容範囲内増加	許容範囲内減少
$F$4	栄養素N1 制約左辺	12	0.4	12	33	0.333333333
$F$5	栄養素N2 制約左辺	10.2	0	10	0.2	1E+30
$F$6	栄養素N3 制約左辺	15	1.8	15	9	1

図 **3.16** 栄養の問題の感度レポート

x_5 の相対費用係数はそれぞれ 0.4, 0, 1.8 であるのに対して，感度レポートのシートの潜在価格（15, 16, 17 行目）も，$(0.4, 0, 1.8)$ となっており一致している．ここで，潜在価格は不等式制約式の右辺定数（必要量）が 1 単位増加したときの目的関数の感度を表しているので，余裕変数の目的関数に対する感度と等価となる（生産計画の問題の不等式制約式の不等号の向きとは逆であることに注意しよう）．

章 末 問 題

3.1 章末問題 2.2 で定式化した線形計画問題を Excel ソルバーで解け．

3.2 章末問題 2.6 で解いた線形計画問題を Excel ソルバーで解け．

3.3 章末問題 2.7 を Excel ソルバーで解け．

3.4 例 2.10 と章末問題 2.9 を Excel ソルバーで解け．

3.5 章末問題 2.16 で解いた線形計画問題を Excel ソルバーで解け．

4 整数計画法

本章では，線形計画問題の一部の変数，あるいはすべての変数に整数条件が付加された問題としての整数計画問題に焦点を当て，整数計画問題として定式化されるいくつかの具体例を紹介した後，整数計画法の基本的枠組と分枝限定法の基礎をわかりやすく解説する．

4.1 整数計画問題

一般に，**整数計画問題**は，線形計画問題の一部の変数あるいはすべての変数に整数条件が付加された問題として，次のように定式化される*1)．

$$
\left.\begin{array}{ll}
\text{minimize} & z = \sum_{j=1}^{n} c_j x_j \\
\text{subject to} & \sum_{j=1}^{n} a_{ij} x_j \leqq b_i, \quad i = 1, \ldots, m_1 \\
 & \sum_{j=1}^{n} a_{ij} x_j = b_i, \quad i = m_1 + 1, \ldots, m \\
 & \quad x_j \geqq 0, \quad j = 1, \ldots, n \\
 & \quad x_j \in Z, \quad j = 1, \ldots,\ n_1 \leqq n
\end{array}\right\} \tag{4.1}
$$

ここで c_j, a_{ij}, b_i は与えられた定数，x_j は変数で，Z は整数全体の集合を表している．この問題は $n_1 = n$ のとき，**全整数計画問題**あるいは**純整数計画問題**とよばれ，$n_1 < n$ のときは**混合整数計画問題**とよばれる．また，特に整数変数のとりうる値が 0 または 1 であるという制限のついた問題は **0–1 計画問題**とよばれる*2)．

---

*1) 線形計画問題の一部あるいはすべての変数に整数条件を付加した問題 (4.1) は，厳密にいえば線形整数計画問題で，非線形な式を含む非線形整数計画問題と区別する必要があるが，本章では線形整数計画問題のみを取り扱うので，整数計画問題といえば問題 (4.1) を意味するものとする．

*2) 整数計画問題は**離散最適化問題**ともよばれるが，特に組合せ的な性質をもつ場合には，**組合せ最適化問題**とよばれる．しかし，整数計画問題，離散最適化問題，組合せ最適化問題はほぼ同義語として用いられており，あまり厳密な区別はされないことが多い．

n 次元行ベクトル $\boldsymbol{c}$, $m_1 \times n$ 行列 A_1, $(m-m_1) \times n$ 行列 A_2, n 次元列ベクトル $\boldsymbol{x}$, n_1 次元列ベクトル $\boldsymbol{x}_1$, $(n-n_1)$ 次元列ベクトル $\boldsymbol{x}_2$, m_1 次元列ベクトル $\boldsymbol{b}_1$, $(m-m_1)$ 次元列ベクトル $\boldsymbol{b}_2$ を

$$\boldsymbol{c} = (c_1, \ldots, c_n)$$

$$A_1 = \begin{bmatrix} a_{11} & \cdots & a_{1n} \\ a_{21} & \cdots & a_{2n} \\ \vdots & \ddots & \vdots \\ a_{m_1 1} & \cdots & a_{m_1 n} \end{bmatrix}, \quad A_2 = \begin{bmatrix} a_{m_1+1,1} & \cdots & a_{m_1+1,n} \\ a_{m_1+2,1} & \cdots & a_{m_1+2,n} \\ \vdots & \ddots & \vdots \\ a_{m1} & \cdots & a_{mn} \end{bmatrix}, \quad \boldsymbol{x} = \begin{pmatrix} x_1 \\ \vdots \\ x_n \end{pmatrix}$$

$$\boldsymbol{x}_1 = \begin{pmatrix} x_1 \\ \vdots \\ x_{n_1} \end{pmatrix}, \quad \boldsymbol{x}_2 = \begin{pmatrix} x_{n_1+1} \\ \vdots \\ x_n \end{pmatrix}, \quad \boldsymbol{b}_1 = \begin{pmatrix} b_1 \\ \vdots \\ b_{m_1} \end{pmatrix}, \quad \boldsymbol{b}_2 = \begin{pmatrix} b_{m_1+1} \\ \vdots \\ b_m \end{pmatrix}$$

とおけば，整数計画問題 (4.1) は

$$\left.\begin{array}{ll} \text{minimize} & z = \boldsymbol{cx} \\ \text{subject to} & A_1\boldsymbol{x} \leqq \boldsymbol{b}_1 \\ & A_2\boldsymbol{x} = \boldsymbol{b}_2 \\ & \quad \boldsymbol{x} \geqq \boldsymbol{0} \\ & \quad \boldsymbol{x}_1 \in Z^{n_1}, \quad \boldsymbol{x}_2 \in R^{n-n_1} \end{array}\right\} \tag{4.2}$$

のように，ベクトル行列形式で簡潔に表される．ここで $\boldsymbol{0}$ は 0 を要素とする n 次元列ベクトルで，Z^{n_1} は n_1 次元整数列ベクトルの集合を表す．

線形計画問題の場合と同様に，整数計画問題 (4.1) あるいは (4.2) においても，最小化する関数 $z = \boldsymbol{cx} = \sum_{j=1}^{n} c_j x_j$ を目的関数とよび，変数ベクトル $\boldsymbol{x} = (x_1, \ldots, x_n)^T$ がみたすべき条件を制約条件とよぶ．またすべての制約条件をみたす変数ベクトル $\boldsymbol{x}$ を実行可能解とよび，実行可能解全体の集合

$$X = \{\boldsymbol{x} \in R^n | A_1\boldsymbol{x} \leqq \boldsymbol{b}_1,\ A_2\boldsymbol{x} = \boldsymbol{b}_2,\ \boldsymbol{x} \geqq \boldsymbol{0},\ \boldsymbol{x}_1 \in Z^{n_1},\ \boldsymbol{x}_2 \in R^{n-n_1}\} \tag{4.3}$$

を実行可能領域とよぶ．また，すべての $\boldsymbol{x} \in X$ に対して $\boldsymbol{cx}^o \leqq \boldsymbol{cx}$ となるような実行可能解 $\boldsymbol{x}^o \in X$ を，最適解という．

なお，本章では紙面の節約のため，必要に応じて問題 (4.1) を

$$\text{minimize}\, \{\boldsymbol{cx} \mid \boldsymbol{x} \in X\} \tag{4.4}$$

と表すことにする．また，この問題の最適解 $\boldsymbol{x}^o$ に対する目的関数 z の最小値

$z^o = \boldsymbol{cx}^o$ を最適値とよび

$$z^o = \min\{\boldsymbol{cx} \mid \boldsymbol{x} \in X\} \tag{4.5}$$

と表すことにする．

次に，整数計画問題としてこれまで定式化されてきている代表的な例をいくつか示しておこう．

例 4.1 （分割不可能な最小単位をもつ製品の生産計画の問題）

線形計画問題として定式化した例 1.1 の簡単な 2 変数の生産計画の問題や例 2.1 の n 変数の生産計画の問題のように，製品の生産量を連続量として取り扱うことができる状況に対して，たとえば，ハイビジョンテレビ，自動車，住宅，飛行機などのような，分割不可能な最小単位をもつ製品の生産計画の問題は，明らかに整数計画問題として定式化される． ■

例 4.2 （施設配置問題）

工場を設置するための m カ所の候補地があり，候補地 i に工場を設置するための費用が d_i で，最大生産能力は a_i である．需要地は n カ所あり，需要地 j での需要量は b_j である．工場候補地 i と需要地 j の間の輸送単価は c_{ij} である．このとき，需要量をみたし，工場建設費用と輸送費用を最小化するような，工場の立地点と輸送量とを求めるという工場設置と輸送問題を考えてみよう．

この問題は，各候補地 i に，工場を建設するかしないかに応じて 1 または 0 をとる変数 y_i を導入するとともに，工場 i から需要地 j への輸送量を x_{ij} とすれば，混合整数計画問題

$$\left.\begin{array}{ll}\text{minimize} & z = \sum_{i=1}^m d_i y_i + \sum_{i=1}^m \sum_{j=1}^n c_{ij} x_{ij} \\ \text{subject to} & \sum_{j=1}^n x_{ij} \leqq a_i y_i, \quad i - 1, \ldots, m \\ & \sum_{i=1}^m x_{ij} \geqq b_j, \quad j = 1, \ldots, n \\ & \quad x_{ij} \geqq 0, \quad i = 1, \ldots, m;\ j = 1, \ldots, n \\ & \quad y_i \in \{0, 1\}, \quad i = 1, \ldots, m \end{array}\right\} \tag{4.6}$$

として定式化される．この問題は，工場以外にも倉庫，配送センターなどの施設が考えられるので，一般に**施設配置問題**とよばれ，典型的な混合 0–1 整数計画問題として定式化される． ■

例 4.3 （ナップサック問題）

ナップサック問題とは，ハイカーがナップサックの重量制限のもとで，それぞれ異なる重量と価値の品物をナップサックに詰め込むときに，総価値が最大になるような品物の組合せを選択するという問題である．

この問題を数学的に定式化するために，n 個の品物があり，各々の品物 j の重

量を a_j，価値を c_j とし，ナップサックに詰め込める品物の最大重量を b としよう．さらに，x_j を，品物 j を選ぶときは 1，選ばないときは 0 をとるような 0–1 変数としよう．このとき，ナップサックに詰め込む品物の重量の総和 $\sum_{j=1}^{n} a_j x_j$ が，ナップサックの制限重量 b を超えないという制約条件のもとで，詰め込んだ品物の価値の総和 $\sum_{j=1}^{n} c_j x_j$ が最大になるような品物の組合せを求めるというナップサック問題は，次のような 0–1 計画問題として定式化される．

$$\left.\begin{array}{ll} \text{maximize} & \sum_{j=1}^{n} c_j x_j \\ \text{subject to} & \sum_{j=1}^{n} a_j x_j \leqq b \\ & \quad x_j \in \{0,1\}, \quad j=1,\ldots,n \end{array}\right\} \tag{4.7}$$

ここで c_j, a_j および b はすべて正の値をとることに注意しよう． ■

ナップサック問題において，ハイカーを企業，品物 j の価値を第 j プロジェクトの予想利益，最大重量を企業の予算額，品物 j の重量を第 j プロジェクトを開始するのに必要な経費と解釈すれば，ナップサック問題は**プロジェクト選択問題**として，次のように定式化される．

例 4.4 （プロジェクト選択問題）

ある企業の企画室では，来年度の新規研究計画の査定を行っている．提案された n 件の研究計画の初年度経費，予想利益は既知であるものとしたとき，予算の枠内でどの研究計画を採択すれば利益を最大にすることができるか？

第 j 計画の初年度経費を a_j（万円），予想利益を c_j（万円），予算総額を b（万円）とする．変数 x_j が 1 のとき第 j 計画を採択，0 のとき第 j 計画を採択しないものとすれば，プロジェクト選択問題は次のように定式化される．

$$\left.\begin{array}{ll} \text{maximize} & \sum_{j=1}^{n} c_j x_j \\ \text{subject to} & \sum_{j=1}^{n} a_j x_j \leqq b \\ & \quad x_j \in \{0,1\}, \quad j=1,\ldots,n \end{array}\right\} \tag{4.8}$$

ナップサック問題やプロジェクト選択問題において，重量や予算以外の制約条件を考慮すれば，2 個以上複数個の制約条件のある 0–1 計画問題として定式化され，しかも係数はすべて正の値をとるという特徴がある．このような問題は一般に**多次元ナップサック問題**とよばれ，広範囲の応用例がある． ■

例 4.5 （集合被覆（分割，詰込み）問題）

$M = \{1,\ldots,m\}$ を有限集合とし，M の部分集合の族を $\{M_1,\ldots,M_n\}$ とする．このとき，添字の集合 $N = \{1,\ldots,n\}$ の部分集合 F が条件

$$\bigcup_{j \in F} M_j = M$$

をみたせば，F は M の被覆であるという．また，すべての $j,k \in F\ (j \neq k)$ に対して

$$M_j \cap M_k = \emptyset$$

であれば，F は M の詰込みであるという．さらに，N の部分集合 F が，被覆でしかも詰込みであれば，F は M の分割であるという．

たとえば $M = \{1,2,3,4,5\}$, $M_1 = \{1,3,5\}$, $M_2 = \{1,2,3\}$, $M_3 = \{2,5\}$, $M_4 = \{4\}$, $M_5 = \{4,5\}$ のとき，$\{M_1, M_3, M_5\}$, $\{M_2, M_5\}$ はともに M の被覆である．また，$\{M_1, M_4\}$, $\{M_2, M_4\}$, $\{M_2, M_5\}$, $\{M_3, M_4\}$ はともに M の詰込みである．さらに，$\{M_2, M_5\}$ は M の分割でもある．

M_j を被覆に採用する費用を c_j として，最小費用の被覆を求める問題を**集合被覆問題**とよぶ．同様に，最小費用の分割を求める問題を**集合分割問題**とよぶ．また M_j の価値を c_j として，最大の価値をもつ詰込みを求める問題を**集合詰込み問題**とよぶ．これらの問題は容易に 0–1 計画問題として定式化される．たとえば，$i \in M$, $j \in N$ に対して

$$a_{ij} = \begin{cases} 1, & i \in M_j \\ 0, & i \notin M_j \end{cases} \tag{4.9}$$

なる係数 a_{ij} と，$j \in N$ に対して

$$x_j = \begin{cases} 1, & j \in F \\ 0, & j \notin F \end{cases} \tag{4.10}$$

であるような 0–1 変数 x_j を導入すれば，集合被覆問題は

$$\left.\begin{array}{ll} \text{minimize} & z = \sum_{j=1}^{n} c_j x_j \\ \text{subject to} & \sum_{j=1}^{n} a_{ij} x_j \geqq 1, \quad i = 1, \ldots, m \\ & \quad x_j \in \{0,1\}, \quad j = 1, \ldots, n \end{array}\right\} \tag{4.11}$$

と定式化される．

ここで，この問題の制約式 $\sum_{j=1}^{n} a_{ij} x_j \geqq 1$, $i = 1, \ldots, m$ を $\sum_{j=1}^{n} a_{ij} x_j = 1$ に変更すれば集合分割問題になり，$\sum_{j=1}^{n} a_{ij} x_j \leqq 1$ に変更して目的関数を最大化にすれば，集合詰込み問題になることがわかる．なお，これらの問題は，制約式の 0–1 変数 x_j の係数 a_{ij} がすべて 0 あるいは 1 で，しかも右辺定数はすべて 1 であるという特別な構造の 0–1 計画問題であるが，これまで，消防署などの施設の設置問題，配送ルート問題，パイロットのスケジューリング問題，選挙区割り問題などの数多くの現実的な問題が集合被覆問題として定式化されてきている．

■

4.2 整数計画法の基本的枠組み

整数計画問題 (4.1) あるいは (4.2) の最適解を求めるための代表的な手法を述べる前に，ここでは，整数計画法全般にわたって重要な役割を果たしてきている3つの基本的な概念である**緩和**，**分割統治**および**測深**について考察することにより，整数計画法の基本的枠組みを概観しておこう．

4.2.1 緩 和 法

緩和法とは，整数計画問題 (4.1) あるいは (4.2) の制約条件の一部を無視して得られるよりやさしい問題を解くことによって，もとの問題を解くという基本的な概念に基づいている．緩和法の原理を概観するために，整数計画問題 (4.2) を次のように簡潔に記述して，問題 P_0 としよう．

$$\text{minimize}\,\{\boldsymbol{cx} \mid \boldsymbol{x} \in X_0\} \tag{4.12}$$

一般に，整数計画問題 P_0 の制約条件 $\boldsymbol{x} \in X_0$ を緩めて，実行可能領域 X_0 を含むようなある領域 $\bar{X}_0$ に対して定義される問題 $\bar{P}_0$

$$\text{minimize}\,\{\boldsymbol{cx} \mid \boldsymbol{x} \in \bar{X}_0\}, \quad \bar{X}_0 \supseteqq X_0 \tag{4.13}$$

は，問題 P_0 の**緩和問題**とよばれる．

整数計画問題 P_0 とその緩和問題 $\bar{P}_0$ との間には，**緩和法の原理**とよばれる次のような関係が成立することは明らかである．

緩和法の原理

(1) 緩和問題 $\bar{P}_0$ が実行可能解をもたなければ，もとの問題 P_0 も実行可能解をもたない．
(2) 緩和問題 $\bar{P}_0$ の最適解 $\bar{\boldsymbol{x}}^0$ がもとの問題 P_0 の実行可能解であれば，すなわち $\bar{\boldsymbol{x}}^0 \in X_0$ であれば，$\bar{\boldsymbol{x}}^0$ はもとの問題 P_0 の最適解である．
(3) 緩和問題 $\bar{P}_0$ の最適解 $\bar{\boldsymbol{x}}^0$ ともとの問題 P_0 の最適解 $\boldsymbol{x}^0$ に対して，$\boldsymbol{c}\bar{\boldsymbol{x}}^0 \leqq \boldsymbol{cx}^0$ なる関係が成立する．

ここで，緩和法の原理の (3) における $\boldsymbol{c}\bar{\boldsymbol{x}}^0 \leqq \boldsymbol{cx}^0$ なる関係式によれば，緩和問題の最適値 $\boldsymbol{c}\bar{\boldsymbol{x}}^0$ は，もとの問題の最適値 $\boldsymbol{cx}^0$ に対する**下界値**を与えることを意味していることに注意しよう．

緩和法の原理は，整数計画法における最も重要な概念の 1 つであるが，緩和法でどの制約を緩めるかに関しては問題ごとにそれぞれの工夫が必要である．

整数計画問題 (4.1) に対して最も頻繁に用いられる緩和問題は，整数計画問題の変数に対する整数条件を取り除くことによって得られる**連続緩和問題**

$$\left.\begin{array}{ll} \text{minimize} & z = \sum_{j=1}^{n} c_j x_j \\ \text{subject to} & \sum_{j=1}^{n} a_{ij} x_j \leqq b_i, \quad i = 1, \ldots, m_1 \\ & \sum_{j=1}^{n} a_{ij} x_j = b_i, \quad i = m_1 + 1, \ldots, m \\ & \quad x_j \geqq 0, \quad j = 1, \ldots, n \end{array}\right\} \qquad (4.14)$$

である．ここで，連続緩和問題 (4.14) の最適解 $\bar{x}_j^o, j = 1, \ldots, n$ に対して，たまたま，すべての $\bar{x}_j^o, j = 1, \ldots, n_1 \leqq n$ が整数になるような最適解 $\bar{x}_j^o, j = 1, \ldots, n$ を特に**整数解**とよぶことにすれば，緩和法の原理より，連続緩和問題 (4.14) の整数解 $\bar{x}_j^o, j = 1, \ldots, n$ は整数計画問題 (4.1) の最適解であることがわかる．

もちろんこのようなことは一般には成立しないが，たとえば生産計画の問題のように $\bar{x}_j^o$ が比較的大きな値をとるような問題に対しては，$\bar{x}_j^o$ を四捨五入して得られた解は，最適解に対して比較的望ましい情報を与えることになる．しかし，このような四捨五入の方法は，たとえば 0–1 計画問題のように x_j のとりうる値が非常に狭い範囲に制限されている場合には，効力を発揮できないといえよう．というのは，たとえば $\bar{x}_j^o = 0.5$ のとき，$\bar{x}_j^o$ を 0 にするのかあるいは 1 にするのかの決定は困難であることから容易に推察できる．

変数の整数条件を無視するという連続緩和問題に対して，整数計画問題の制約式の数が多い場合，すなわち m が大きい場合には，$M_1 = \{1, \ldots, m_1\}$ と $M_2 = \{m_1 + 1, \ldots, m\}$ の適当な部分集合 $\overline{M}_1, \overline{M}_2$ を選んで，$\overline{M}_1, \overline{M}_2$ に対応するより少ない制約式のみを考慮した**制約緩和問題**

$$\left.\begin{array}{ll} \text{minimize} & z = \sum_{j=1}^{n} c_j x_j \\ \text{subject to} & \sum_{j=1}^{n} a_{ij} x_j \leqq b_i, \quad i \in \overline{M}_1 \subset M_1 \\ & \sum_{j=1}^{n} a_{ij} x_j - b_i, \quad i \in \overline{M}_2 \subset M_2 \\ & \quad 0 \leqq x_j \in Z, \quad j = 1, \ldots, n \end{array}\right\} \qquad (4.15)$$

がよく用いられる．このような制約式の数を緩めた緩和問題を用いる場合の緩和法の基本的な考えは，制約式の少ない緩和問題 (4.15) を解くことから開始して，必要に応じて残りの制約式

$$\sum_{j=1}^{n} a_{ij} x_j \leqq b_i, \; i \in M_1 - M_1, \quad \sum_{j=1}^{n} a_{ij} x_j = b_i, \; i \in M_2 - \overline{M}_2$$

を逐次追加していくことによりもとの問題 (4.12) の最適解を求めるというものである[*3]．この方法は，緩和問題 (4.15) がもとの問題に比べて解きやすい構造をもつ場合や，多くの制約式をもつ問題に対して有効である．

4.2.2 分割統括法

分割統治法は，与えられた最適化問題の実行可能領域上での目的関数の最適化は困難であっても，分割されたより小さな領域における一連の最適化問題を解いて得られた結果を統合することにより，間接的にもとの問題を解くという基本的な考えに基づいており，整数計画法における重要な役割を果たしてきている．

分割統括法では，整数計画問題 (4.1) のように，直接解くことが困難な最小化問題 P_0 が与えられたとき，P_0 の実行可能領域 X_0 をいくつかの部分領域 $X_1, \ldots, X_k$ に分割して，分割された各部分領域 X_i に対応する部分問題 P_i

$$\text{minimize}\,\{\boldsymbol{cx} \mid \boldsymbol{x} \in X_i\}, \quad i = 1, \ldots, k \tag{4.16}$$

を解くことを試みる．ここで，部分領域 $X_1, \ldots, X_k$ は条件

$$\bigcup_{i=1}^{k} X_i = X_0 \tag{4.17}$$

をみたすように分割される．このような条件 (4.17) をみたす部分領域の集合の族 $\{X_1, \ldots, X_k\}$ は X_0 の分割とよばれるが，特に $X_i \cap X_j = \emptyset\ (i \neq j)$ となるような分割は素分割とよばれる．

分割統治法の基本的な考えは，次のように表される．

分割統治法

> X_0 の分割 $\{X_1, \ldots, X_k\}$ に対する部分問題 P_i の最適値を $z^i = \min\{\boldsymbol{cx} \mid \boldsymbol{x} \in X_i\}, i = 1, \ldots, k$ とする．このとき，もとの問題 P_0 の最適値 z^0 は
>
> $$z^0 = \min_{i=1,\ldots,k} z^i \tag{4.18}$$
>
> で与えられる．

分割統治法においては，部分問題 P_i もまだ直接解くことが困難な場合には，P_i の実行可能領域 X_i のさらなる分割 $\{X_p, \ldots, X_q\}$ に対応する部分問題 P_l,

---

*3) 2 つの集合 A, B に対して A には属するが B には属さない要素の集合を差集合といい $A - B$ と表す．

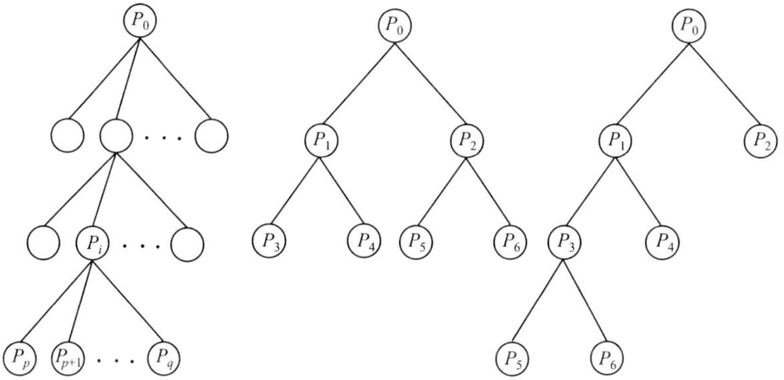

図 **4.1** 分割統治法における列挙木の例

$l = p, \ldots, q$ に分割するという操作を繰り返し行って，最終的に到達するであろう直接解ける部分問題を解いて得られた解を統合して，もとの問題 P_0 の最適解を求めるのが最も一般的である．

分割統治法における分割の例は，図 4.1 のような列挙木で表現される．ここで，列挙木の部分問題の実行可能領域は，もとの問題の実行可能領域の分割になっている．図 4.1 の左側の列挙木では，ある問題から複数個の部分問題が生成されているが，整数計画法では，真ん中や右側の列挙木のように，ある問題から 2 つの部分問題を生成するのが一般的である．

4.2.3 測　　深

分割統治法において，もとの問題 P_0 の実行可能領域 X_0 が $\{X_1, \ldots, X_k\}$ の部分領域に分割されたときの，対応する部分問題を $P_i, i = 1, \ldots, k$ としよう．このとき，部分問題 P_i の実行可能領域 X_i がもとの問題 P_0 の最適解を含んでいるかどうかを調べて，もし含んでいればその最適解を求めることが望まれる．また，もしなんらかの方法で，部分問題 P_i が，暫定解とよばれるこれまでに得られている最良解よりも良い実行可能解を含んでいないことがわかれば，このような部分問題 P_i をこれ以上考慮する必要はないので，部分問題 P_i は測深済であるという．また，部分問題 P_i の最適解が求められたときにもこの部分問題 P_i は測深済であるという．いずれの場合にもこれらの部分問題は完全に考慮されたことになり，これ以上分割する意味がないので終端することができる．

ここで，緩和法に基づく 3 つの一般的な測深の区別をしておくことは有用である．部分問題 P_i の緩和問題 $\bar{P}_i$ の最適解が求められ，対応する最適値を $\bar{z}^i$ とし，暫定値とよばれるこれまでに得られている最良値を z^* としよう．ただし，もとの問題 P_0 の実行可能解が求められていないときには $z^* = +\infty$ と設定する．もし緩和問題 $\bar{P}_i$ が実行可能解をもたなければ，緩和法の原理の (1) より，部分問題 P_i も実行可能解をもたないことがわかる．このことより，部分問題 P_i の実行可能領域は空集合となり，もとの問題 P_0 の最適解を含むことはできないので，測深済になる．

次に，もし $z^i \geqq z^*$ であれば，部分問題 P_i の実行可能領域は，暫定値よりも良い値を与えるような，もとの問題 P_0 の実行可能領解を含むことはできないことがわかる．ここで z^i の値は未知であるが，$\bar{z}^i$ の値は求められており，緩和法の原理の (2) より $z^i \geqq \bar{z}^i$ であるので，$\bar{z}^i \geqq z^*$ であれば測深済になる．

さらに，緩和問題 $\bar{P}_i$ の最適解が求められたときに，その解がたまたま部分問題 P_i の実行可能解であったとしよう．このとき，緩和法の原理の (3) より，この解は部分問題 P_i の最適解となり測深済になる．この場合には，緩和問題の最適解はもとの問題の実行可能解にもなるので，もし緩和問題の最適値が現在の暫定値よりも小さければ，緩和問題の最適値が新しい暫定値になる．

これまで述べてきた 3 種類の測深基準は次のように要約される．

3 種類の測深基準

次の 3 つの測深基準のいずれか 1 つがみたされたとき，部分問題 P_i は測深済になる．

(1) （実行不可能性）緩和問題 $\bar{P}_i$ が実行不可能のとき．

(2) （最適値の被優越性）$\bar{z}^i \geqq z^*$ となるとき．

(3) （最適性）緩和問題 $\bar{P}_i$ の最適解がたまたま部分問題 P_i の実行可能解となるとき．

整数計画問題に対してこれまで提案されてきたアルゴリズムの多くは，これらの 3 つの測深基準をいかに効率良く実行するかに依存しているといえよう．標準的な手法では，緩和問題 $\bar{P}_i$ を解いて，(1) 緩和問題が実行不可能かどうか，(2) $\bar{z}^i \geqq z^*$ となるかどうか，(3) 緩和問題の最適解が部分問題 P_i の実行可能解となるかどうかを，さまざまな工夫により実行しているといえよう．

緩和法の原理に基づく分割統治法により列挙を行うアルゴリズムは，**分枝限定法**あるいは**間接列挙法**などとよばれ，提案されてきて以来さまざまな改良が施され，現在では混合整数計画問題に対する最も実用的な手法として広く用いられてきている．ここでは，1972 年の A.M. Geoffrion と R.E. Marsten の解説論文に従って，混合整数計画問題を解くためのアルゴリズムの基本的枠組みを示しておこう．

混合整数計画問題を解くためのアルゴリズムの基本的枠組み

手順 0（初期化） リスト L をもとの混合整数計画問題 P_0 のみにして，暫定値 z^* を十分大きな値に設定する（たとえば $z^* = \infty$）．

手順 1（終了判定） リスト L が空集合，すなわち $L = \emptyset$ であれば終了する．このとき暫定解が存在すれば，その暫定解が最適解である．そうでなければ，もとの混合整数計画問題 P_0 は実行可能解をもたない．

手順 2（候補問題の選択） リスト L から 1 つの問題 P_i を選び出して，リスト L から P_i を削除する．

手順 3（緩和問題の設定） P_i の緩和問題 $\bar{P}_i$ を設定する．

手順 4（緩和問題の解） 適切なアルゴリズムを用いて緩和問題 $\bar{P}_i$ を解く．

手順 5（測深基準 1） 手順 4 の結果より，問題 P_i が実行可能でないことがわかれば（たとえば $\bar{X}_i = \emptyset$），手順 1 へもどる．

手順 6（測深基準 2） 手順 4 の結果より，問題 P_i が暫定値よりも良い実行可能解をもたないことがわかれば（たとえば $\bar{z}^i \geq z^*$），手順 1 へもどる．

手順 7（測深基準 3） 手順 4 の結果より，問題 P_i の最適解 z^i が求まれば（たとえば緩和問題 $\bar{P}_i$ の最適解 $\bar{z}^i$ が問題 P_i の実行可能解となる），手順 11 へいく．

手順 8（測深） 問題 P_i をさらに測深するかどうかを決定する．測深する場合には手順 9 へいき，そうでない場合には手順 10 へいく．

手順 9（緩和問題の修正） 緩和問題 $\bar{P}_i$ を修正して手順 4 へもどる．

手順 10（リストの更新） 問題 P_i をさらに分割して得られる部分問題をリスト L に追加して手順 1 へもどる．

手順 11（暫定値の更新） もとの混合整数計画問題 P_0 の実行可能解が求められたので，$z^i < z^*$ であれば，この解を新たな暫定解として $z^* = z^i$ とおいて，手順 1 へもどる．

このような混合整数計画問題を解くためのアルゴリズムの基本的枠組みには多くの柔軟性が含まれているが，これまでに提案されてきた数多くの具体的なアルゴリズムはほとんどすべてこの基本的枠組みに基づいているといえよう．

4.3 混合整数計画問題に対する線形計画法を用いる分枝限定法

分枝限定法は 1960 年に A.H. Land と A.G. Doig によって提案され，その後さまざまな改良が施され，現在では一般の混合整数計画問題を解く最も実用的な手法であるとみなされてきている．

本節では，Land と Doig によって提案され，Dakin によって改良された，混合整数計画問題に対する線形計画法を用いる分枝限定法の基本的な考えについて考察する．

一般に混合整数計画問題 P_0 は次のように定式化される．

$$\left.\begin{array}{ll} \text{minimize} & z = \boldsymbol{cx} + \boldsymbol{dy} \\ \text{subject to} & C\boldsymbol{x} + D\boldsymbol{y} = \boldsymbol{b} \\ & \quad \boldsymbol{x} \geqq \boldsymbol{0},\ \boldsymbol{x} \in Z^n \\ & \quad \boldsymbol{y} \geqq \boldsymbol{0} \end{array}\right\} \tag{4.19}$$

ここで，$\boldsymbol{c} = (c_1, \ldots, c_n)$, $\boldsymbol{d} = (d_1, \ldots, d_p)$, $\boldsymbol{b} = (b_1, \ldots, b_m)^T$ は定数ベクトル，C は $m \times n$ 係数行列，D は $m \times p$ 係数行列で，$\boldsymbol{x} = (x_1, \ldots, x_n)^T$ は整数変数ベクトル，$\boldsymbol{y} = (y_1, \ldots, y_p)^T$ は実数変数ベクトルである．また Z^n は n 次元整数ベクトルの集合を表している．

混合整数計画問題 P_0 が与えられたとき，この問題の整数条件を緩めた連続緩和問題 $\bar{P}_0$ は次のような線形計画問題になる．

$$\left.\begin{array}{ll} \text{minimize} & z = \boldsymbol{cx} + \boldsymbol{dy} \\ \text{subject to} & C\boldsymbol{x} + D\boldsymbol{y} = \boldsymbol{b} \\ & \quad \boldsymbol{x} \geqq \boldsymbol{0},\ \boldsymbol{y} \geqq \boldsymbol{0} \end{array}\right\} \tag{4.20}$$

ここで，連続緩和問題 $\bar{P}_0$ の最適解 $(\bar{\boldsymbol{x}}^0, \bar{\boldsymbol{y}}^0)$ において，$\bar{\boldsymbol{x}}^0$ がたまたま整数ベクトルとなるような最適解 $(\bar{\boldsymbol{x}}^0, \bar{\boldsymbol{y}}^0)$ を整数解とよぶことにすれば，緩和法の原理より，P_0 と $\bar{P}_0$ の間には明らかに次の関係が成立する．

混合整数計画問題と連続緩和問題の関係

(1) $\bar{P}_0$ が実行可能解をもたなければ，P_0 も実行可能解をもたない．

(2) $\bar{P}_0$ の最適解 $(\bar{\boldsymbol{x}}^0, \bar{\boldsymbol{y}}^0)$ が整数解であれば $(\bar{\boldsymbol{x}}^0, \bar{\boldsymbol{y}}^0)$ は P_0 の最適解である．

(3) $\bar{P}_0$ の最適値を $\bar{z}^0$ とし，P_0 の最適値を z^0 とすれば，$\bar{z}^0$ は z^0 の下界値を与える，すなわち $z^0 \geqq \bar{z}^0$ となる．

混合整数計画問題と連続緩和問題に対するこのような関係によれば，$\bar{P}_0$ が実行可能解をもたない場合と，$\bar{P}_0$ の最適解 $(\bar{\boldsymbol{x}}^0, \bar{\boldsymbol{y}}^0)$ が整数解になる場合には，もとの問題 P_0 は解けたことになるので，このような場合は除外して考えればよいことがわかる．また，議論の簡単化のために，連続緩和問題 $\bar{P}_0$ の実行可能領域は有界であることを仮定すれば，$\bar{P}_0$ が実行可能解をもてば $\bar{P}_0$ は最適解をもつことになる．このようにして，残された可能性は $\bar{P}_0$ の最適解 $(\bar{\boldsymbol{x}}^0, \bar{\boldsymbol{y}}^0)$ が整数解にならない場合のみである，このような場合には，$\bar{\boldsymbol{x}}^0$ の成分のうち整数でない成分の中から 1 つの成分 $\bar{x}_s^0$ を選べば，条件 $x_s \geqq 0, x_s \in Z$ は等価的に

$$0 \leqq x_s \leqq \lfloor \bar{x}_s^0 \rfloor \quad \text{あるいは} \quad \lfloor \bar{x}_s^0 \rfloor + 1 \leqq x_s,\ x_s \in Z \tag{4.21}$$

と変形されるので，問題 P_0 は，変数 x_s に上限条件 $x_s \leqq \lfloor \bar{x}_s^0 \rfloor$ を付加した子問題 P_1

$$\begin{aligned} \text{minimize}\, \{\boldsymbol{cx} + \boldsymbol{dy} |\ C\boldsymbol{x} + D\boldsymbol{y} = \boldsymbol{b},\ x_j \geqq 0, \quad j = 1, \ldots, n \\ x_s \leqq \lfloor \bar{x}_s^0 \rfloor,\ \boldsymbol{x} \in Z^n,\ \boldsymbol{y} \geqq \boldsymbol{0}\} \end{aligned} \tag{4.22}$$

と変数 x_s に下限条件 $\lfloor \bar{x}_s^0 \rfloor + 1 \leqq x_s$ を付加した子問題 P_2

$$\begin{aligned} \text{minimize}\, \{\boldsymbol{cx} + \boldsymbol{dy} |\ C\boldsymbol{x} + D\boldsymbol{y} = \boldsymbol{b}, x_j \geqq 0, \quad j = 1, \ldots, n \\ \lfloor \bar{x}_s^0 \rfloor + 1 \leqq x_s,\ \boldsymbol{x} \in Z^n,\ \boldsymbol{y} \geqq \boldsymbol{0}\} \end{aligned} \tag{4.23}$$

の 2 つの子問題 P_1, P_2 に分割することができる*4)．

このとき，もとの問題 P_0 が最適解をもてば，P_1 あるいは P_2 の少なくとも一方の最適解が P_0 の最適解となり，逆に P_1 あるいは P_2 の少なくとも一方が最適解をもてば，それらのいずれか一方は P_0 の最適解となることがわかる．さらに，P_0 の最適値 z^0 は，P_1, P_2 の最適値 z^1, z^2 により

$$z^0 = \min(z^1, z^2) \tag{4.24}$$

で与えられることになる．言い換えれば，子問題 P_1 と P_2 を解いて得られる最適値の中で，値の小さいものに対応する最適解がもとの問題 P_0 の最適解となるわけである．また，P_1, P_2 がともに実行可能解をもたなければ，P_0 も実行可能

---

*4)　1960 年に Land と Doig によって初めて提案された分枝限定法では，整数値をとらない変数 $\bar{x}_s^0$ に対して，正確に整数値をとるように，条件 $x_s = \lfloor \bar{x}_s^0 \rfloor$ と条件 $\lfloor \bar{x}_s^0 \rfloor + 1 = x_s$ が付加されていたが，1965 年の Dakin の方法では，上限条件 $x_s \leqq \lfloor \bar{x}_s^0 \rfloor$ と下限条件 $\lfloor \bar{x}_s^0 \rfloor + 1 \leqq x_s$ を付加するように修正されている．Dakin の方法では，整数値をとらないある 1 つの変数 $\bar{x}_s^0$ からは 2 つの部分問題だけが生成されるのに対して，Land と Doig の方法では複数個の部分問題が生成されることになる．ただし，整数変数のとる値が 0 と 1 の 2 値のみに限定されているような 0–1 計画問題に対しては，これらの 2 つの手法は，本質的には同じものとみなされる．

解をもたないことがわかる．したがって，もとの問題 P_0 を解く代わりに２つの子問題 P_1, P_2 を解けば，もとの問題 P_0 を解いたことになる．

ここで２つの子問題 P_1 と P_2 に対しても，$\bar{P}_0$ に対する場合と同様に，P_1, P_2 を直接解く代わりに対応する連続緩和問題 $\bar{P}_1, \bar{P}_2$ を解くことになるが，このときに最適解が得られれば，そのときの最適値は下界値となる．また，もし $\bar{P}_1$ の最適解が整数解であれば P_1 の最適解となる．もちろん $\bar{P}_2$ と P_2 に対しても同様の関係が成立することはいうまでもない．さらに，$\bar{P}_1$ と $\bar{P}_2$ のいずれかの問題の最適解が整数解にならなければ，P_0 から２つの子問題 P_1 と P_2 を生成させたときと同様に，P_1 あるいは P_2 を２つの子問題に分割して，その連続緩和問題を解くという操作を繰り返し行っていくことになる．

このように分枝限定法では，もとの問題 P_0 に適用した考えをそのまま２つの子問題 P_1, P_2 に対しても再帰的に適用することにより，次々と子問題を生成しながら探索を進めて行くことになるが，一般の過程において子問題 P_k の処理をどのように行うのかについて考察してみよう．ここで，P_k を解くことになるまでにすでに得られている P_0 の最良の実行可能解 $(\boldsymbol{x}^*, \boldsymbol{y}^*)$ を P_0 の**暫定解**とよび，対応する目的関数 z の値 $z^* = \boldsymbol{cx}^* + \boldsymbol{dy}^*$ を**暫定値**とよぶ．ただし，たとえば P_0 を解き始めたときのように P_0 の実行可能解が求められていないときには $z^* = \infty$ とおく．

さて子問題 P_k を解くときに，この問題が，暫定解よりも良い実行可能解をもつ場合にはそのような解を求めるとともに，暫定解よりも良い実行可能解をもたない場合にはできるだけ簡単な操作で，その情報を得て処理を終了することが望まれる．このような要求に応えるために，線形計画法を用いる分枝限定法では P_k の連続緩和問題 $\bar{P}_k$ を解く．このとき次の３つの場合が生じる．

連続緩和問題の解の場合分け

(1) $\bar{P}_k$ が実行可能解をもたないとき
このときは P_k も実行可能解をもたないので P_k の処理を終了する．

(2) $\bar{P}_k$ の最適解 $(\bar{\boldsymbol{x}}^k, \bar{\boldsymbol{y}}^k)$ が整数解のとき
このとき $(\bar{\boldsymbol{x}}^k, \bar{\boldsymbol{y}}^k)$ は P_0 の実行可能解である．ここで，最適値 $\bar{z}^k = \boldsymbol{c}\bar{\boldsymbol{x}}^k + \boldsymbol{d}\bar{\boldsymbol{y}}^k$ に対して $\bar{z}^k < z^*$ であれば，$(\bar{\boldsymbol{x}}^k, \bar{\boldsymbol{y}}^k)$ は現在の暫定解よりも良い P_0 の実行可能解となるので $(\bar{\boldsymbol{x}}^k, \bar{\boldsymbol{y}}^k)$ を新しい暫定解として P_k の処理を終了する．そうでなければ P_k の最適解は暫定解よりも劣っているので P_k の処理を終了する．

(3) $\bar{P}_k$ の最適解 $(\bar{\boldsymbol{x}}^k, \bar{\boldsymbol{y}}^k)$ が整数解にはならないとき

(a) $\bar{z}^k \geqq z^*$ のとき
$\bar{P}_k$ は P_k の緩和問題であるので，P_k の最適値 z^k に対して $z^k \geqq \bar{z}^k$ となり，$\bar{z}^k \geqq z^*$ ならば P_k は $(\boldsymbol{x}^*, \boldsymbol{y}^*)$ よりも良い解をもたないのでこの問題の処理を終了する．ここで，もしなんらかの方法で $z^k > \bar{z}^*$ であることが判明した場合も同様である．

(b) $\bar{z}^k < z^*$ のとき
この場合には P_k は暫定解よりも良い解を含んでいる可能性があるので，$\bar{\boldsymbol{x}}^k$ の成分のうち整数条件をみたさない変数 $\bar{x}_s^k$ を適当に選択して，P_k を 2 つの子問題に分割する．

ここで，問題 P_k の最小値 z^k の大きさを調べることを一般に P_k を測深するといい，測深の結果 (1), (2) あるいは (3)–(a) の条件がみたされて P_k の処理を終了することを P_k を**終端する**という．また，P_k を測深するために緩和問題 $\bar{P}_k$ を解いたときに，(2) と (3) で $\bar{P}_k$ の最適値を現在の暫定値と比較する操作を**限定操作**という．さらに，(3)–(b) で P_k を 2 つの子問題に分解する操作を，x_s を**分枝変数**とする**分枝操作**という．

このように分枝限定法は，終端していない子問題を選び出して，限定操作で測深することにより，終端するかあるいは分枝操作で新たな子問題を生成するという探索過程を次々と繰り返していくことによって，間接的にもとの問題 P_0 を解こうとするものである．

このような分枝限定法の探索過程は図 4.2 のような**樹状図**を用いて表現することができる．図 4.2 において，ある子問題のすぐ上に位置する問題はその子問題の**親問題**とよばれる．たとえば P_1 は P_3, P_4 の親問題で，P_2 は P_5, P_6 の親問題である．

図 4.2 に示されている樹状図においては，$\bar{P}_0$ を解けば，最適解は整数解にはならないので，P_1, P_2 が生成されている．$\bar{P}_1$ を解けば，最適解は整数解にはならないので，P_3, P_4 が生成されている．$\bar{P}_2$ を解けば，最適解は整数解にはならないので，P_5, P_6 が生成されている．$\bar{P}_3$ を解けば，最適解は整数解になるので，暫定値が $z^* = \bar{z}^3$ に更新されている．$\bar{P}_4$ を解けば，最適値 $\bar{z}^4$ が現在の暫定値 $z^* = \bar{z}^3$ よりも大きくなるので，P_4 が終端されている．$\bar{P}_5$ を解けば，最適解は整数解にはならないので，P_7, P_8 が生成されている．$\bar{P}_6$ を解けば，実行可能解が存在しないので，P_6 が終端されている．$\bar{P}_7$ を解けば，最適解は整数解になるので，暫定値が $z^* = \bar{z}^7$ に更新されている．$\bar{P}_8$ を解けば，実行可能解が存在し

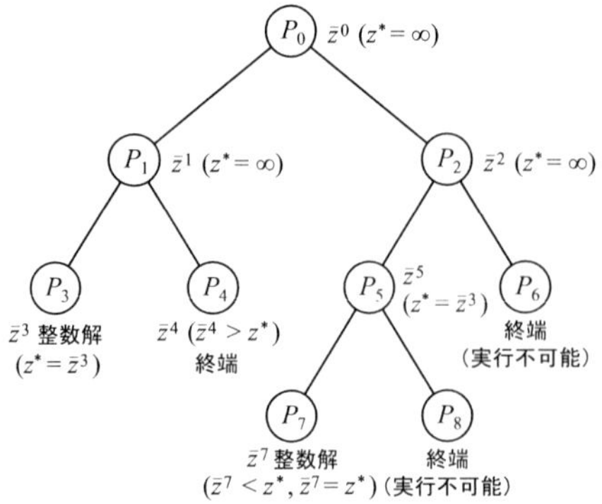

図 **4.2** 樹状図の例

ないので，P_8 が終端されている．このようにして，$\bar{P}_7$ の最適解が P_0 の最適解になっている．

これまでの議論に基づいて，線形計画法を用いる分枝限定法のアルゴリズムを記述すると次のように要約される．

混合整数計画問題に対する線形計画法を用いる分枝限定法のアルゴリズム

手順 1（初期化） リスト $L = \{P_0\}$, $z^* := \infty$ とし $l := 0$ とおく．

手順 2（最適性判定） リスト $L = \emptyset$ であれば終了する．このとき，暫定値 $z^* < \infty$ であれば対応する暫定解 $(\boldsymbol{x}^*, \boldsymbol{y}^*)$ は P_0 の最適解となり，$z^* = \infty$ であれば P_0 は実行可能解をもたない．

手順 3（子問題の選択） リスト L から 1 つの子問題 P_k を選び出して，$L := L - \{P_k\}$ とする．

手順 4（限定操作） P_k の緩和問題 $\bar{P}_k$ を解く．$\bar{P}_k$ が実行可能解をもたなければ手順 2 へもどる．$\bar{P}_k$ が最適解 $(\bar{\boldsymbol{x}}^k, \bar{\boldsymbol{y}}^k)$ をもち，最適値 $\bar{z}^k$ に対して $\bar{z}^k \geqq z^*$ であれば手順 2 にもどり，$\bar{z}^k < z^*$ であれば手順 5 へいく．

手順 5（更新操作） $\bar{P}_k$ の最適解 $(\bar{\boldsymbol{x}}^k, \bar{\boldsymbol{y}}^k)$ が整数解であれば，$(\boldsymbol{x}^*, \boldsymbol{y}^*) := (\bar{\boldsymbol{x}}^k, \bar{\boldsymbol{y}}^k)$, $z^* := \bar{z}^k$ として手順 2 へもどる．

手順 6（分枝操作） $\bar{P}_k$ の最適解 $(\bar{\boldsymbol{x}}^k, \bar{\boldsymbol{y}}^k)$ が整数解でなければ，整数値でない第 s 成分 $\bar{x}_s^k$ を適当に選んで，P_k における変数 x_s にそれぞれ $x_s \leqq \lfloor \bar{x}_s^k \rfloor$ と $\lfloor \bar{x}_s^k \rfloor + 1 \leqq x_s$ を付加した 2 つの子問題 P_{l+1} と P_{l+2} を生成させる．$L := L \cup \{P_{l+1}, P_{l+2}\}$, $l := l + 2$ として手順 2 へもどる．

なお，手順 6 の分枝操作における分枝変数の単純な決定規則として，整数値をとらない成分の中で，最大の小数部分をもつ成分 $\bar{x}_s$ を選ぶことが考えられる．

ここで，整数変数ベクトル $\boldsymbol{x}$ に対する上限値 $\boldsymbol{u}$ が与えられ $\boldsymbol{0} \leqq \boldsymbol{x} \leqq \boldsymbol{u}$ で，上限値 $\boldsymbol{u}$ が有限であれば[*5]，生成される子問題の数は有限個となり，しかも P_k の子問題 P_{l+1} と P_{l+2} はお互いに排反的な制約条件を含んでいることより，同じ子問題が再び生成されることはありえないので，分枝限定法のアルゴリズムは有限回の手順で終了することがわかる．したがって，分枝限定法のアルゴリズムは，間接的にではあるが，もとの問題 P_0 の制約条件をみたすすべての点を重複することなく探索していることに注意しよう．

例 4.6 (**2 変数 2 制約の全整数計画問題の数値例に対する分枝限定法**)

Balinski による簡単な全整数計画問題の数値例

$$
\begin{array}{ll}
\text{minimize} & z = 4x_1 + 5x_2 \\
\text{subject to} & x_1 + 4x_2 \geqq 5 \\
 & 3x_1 + 2x_2 \geqq 7 \\
 & \quad 0 \leqq x_1, x_2 \in Z
\end{array}
$$

に対して，線形計画法を用いる分枝限定法のアルゴリズムを適用してみよう[*6]．

この数値例 P_0 の実行可能解が未知であれば，$z^* = \infty$ で $L = \{P_0\}$ である．

P_0 の連続緩和問題 $\bar{P}_0$ を双対シンプレックス法で解けば $\bar{z}^0 = 112/10 = 11.2$, $x_1 = 18/10 = 1.8$, $x_2 = 8/10 = 0.8$ となる[*7]．

ここで，整数値をとらない成分の中で，最大の小数部分をもつ成分を選ぶことにすれば，$x_1 = 1.8$, $x_2 = 0.8$ で同等なので，便宜上，値の大きい変数 x_1 を分枝変数に選んで，$x_1 \leqq \lfloor 18/10 \rfloor = 1$ と $x_1 \geqq \lfloor 18/10 \rfloor + 1 = 2$ を付加した 2 つの子問題 P_1, P_2 を生成する．

P_1 の連続緩和問題 $\bar{P}_1$ を双対シンプレックス法で解けば $\bar{z}^1 = 14$, $x_1 = 1$, $x_2 = 2$ なる整数解が得られ，$\bar{z}^1 = 14 < \infty = z^*$ であるので，暫定値は $z^* = 14$ に更新される．

P_2 の連続緩和問題 $\bar{P}_2$ を双対シンプレックス法で解けば $\bar{z}^2 = 47/4$, $x_1 = 2$, $x_2 = 3/4$ となり，整数値をとらない変数は x_2 のみで $\bar{z}^2 = 47/4 < 14 = z^*$ で

---

*5) 実用上ほとんどすべての場合には，整数変数ベクトル $\boldsymbol{x}$ は有限であると仮定してもさしつかえないといえる．

*6) 章末問題 4.7 の解答にこの数値例の連続緩和問題としての線形計画問題の双対シンプレックス・タブローの詳細を記載しておくので，興味のある読者は参照していただきたい．

*7) これまでの記号によれば，$\bar{P}_0$ の最適解は $\bar{x}_1^0$, $\bar{x}_2^0$ と表すべきだが，数値例では前後関係から混乱を招く心配はないので，単に x_1, x_2 と表すことにする．以下同様である．

ある．

変数 x_2 を分枝変数に選んで，$x_2 \leqq \lfloor 3/4 \rfloor = 0$ と $x_2 \geqq \lfloor 3/4 \rfloor + 1 = 1$ を付加した 2 つの子問題 P_3, P_4 を生成する．

P_3 の連続緩和問題 $\bar{P}_3$ を双対シンプレックス法で解けば $\bar{z}^3 = 20$, $x_1 = 5$, $x_2 = 0$ なる整数解が得られる．ここで $\bar{z}^3 = 20 > 14 = z^*$ であるので P_3 を終端する．

P_4 の連続緩和問題 $\bar{P}_4$ を双対シンプレックス法で解けば $\bar{z}^4 = 13$, $x_1 = 2$, $x_2 = 1$ なる整数解が得られ，最適解となる．

このような線形計画法を用いる分枝限定法のアルゴリズムの探索過程は表 4.1 のように要約される．さらに，樹状図で示すと図 4.3 のように表される．■

表 4.1　全整数計画問題の数値例に対する分枝限定法による探索過程

探索問題	x_1	x_2	$\bar{z}^k$	z^*	操作	L
P_0	1.8	0.8	11.2	∞	分枝	$\{P_1, P_2\}$
P_1	1	2	14	14	更新	$\{P_2\}$
P_2	2	0.75	11.75	14	分枝	$\{P_3, P_4\}$
P_3	5	0	20	14	限定	$\{P_4\}$
P_4	2	1	13	13	最適解	$\emptyset$

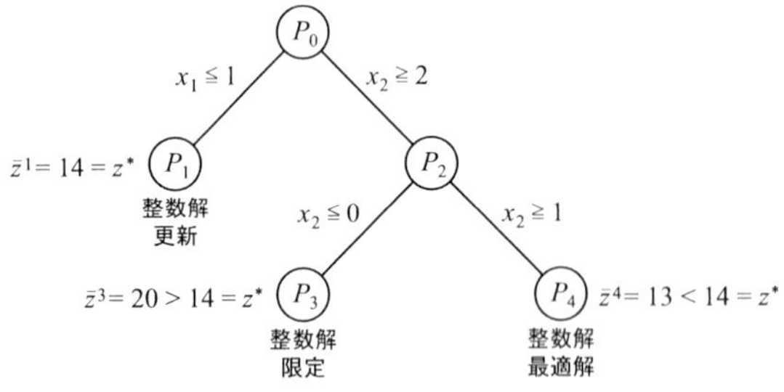

図 4.3　全整数計画問題の数値例に対する樹状図

例 4.7　**(3 変数 2 制約の混合整数計画問題の数値例に対する分枝限定法)**

混合整数計画問題の簡単な数値例として

$$
\begin{array}{ll}
\text{minimize} & z = -3x_1 - 4x_2 - 3y \\
\text{subject to} & 4x_1 - 2x_2 + y \leqq 15 \\
& 2x_1 + 4x_2 + 3y \leqq 18 \\
& \quad 0 \leqq x_1, x_2 \in Z, \; y \geqq 0
\end{array}
$$

を取り上げて，線形計画法を用いる分枝限定法のアルゴリズムを用いて解いてみよう[*8)].

この数値例 P_0 の実行可能解は未知とすれば，$z^* = \infty$ で $L = \{P_0\}$ である．

P_0 の連続緩和問題 $\bar{P}_0$ をシンプレックス法で解けば $\bar{z}^0 = -22.8$, $x_1 = 4.8$, $x_2 = 2.1$, $y = 0$ となる．

ここで，整数値をとらない成分の中で，最大の小数部分をもつ成分を選ぶことにすれば，$x_1 = 4.8$, $x_2 = 2.1$ であるので，x_1 を分枝変数に選んで，$x_1 \leqq \lfloor 4.8 \rfloor = 4$ と $x_1 \geqq \lfloor 4.8 \rfloor + 1 = 5$ を付加した 2 つの子問題 P_1, P_2 を生成する．

P_1 の連続緩和問題 $\bar{P}_1$ をシンプレックス法で解けば $\bar{z}^1 = -22$, $x_1 = 4$, $x_2 = 2.5$, $y = 0$ なる解が得られる．

P_2 の連続緩和問題 $\bar{P}_2$ をシンプレックス法で解けば実行可能解が存在しないので終端する．

P_1 に対して，変数 x_2 を分枝変数に選んで，$x_2 \leqq \lfloor 2.5 \rfloor = 2$ と $x_2 \geqq \lfloor 2.5 \rfloor + 1 = 3$ を付加した 2 つの子問題 P_3, P_4 を生成する．

P_3 の連続緩和問題 $\bar{P}_3$ をシンプレックス法で解けば $\bar{z}^3 = -22$, $x_1 = 4$, $x_2 = 2$, $y = 2/3$ なる整数解が得られ，$\bar{z}^3 = -22 < \infty = z^*$ であるので，暫定値は $z^* = -22$ に更新される．

P_4 の連続緩和問題 $\bar{P}_4$ をシンプレックス法で解けば $\bar{z}^4 = -21$, $x_1 = 3$, $x_2 = 3$, $y = 0$ なる解が得られる．

このようにして，P_3 の最適解 $\bar{z}^3 = -22$, $x_1 = 4$, $x_2 = 2$, $y = 2/3$ がもとの問題 P_0 の最適解になることがわかる．

ここで，線形計画法を用いる分枝限定法のアルゴリズムを簡単な混合整数計画問題の数値例に適用した探索過程を要約すると表 4.2 のようになる．さらに，樹状図で示すと図 4.4 のように表される． ■

これまで考察してきた線形計画法を用いる分枝限定法のアルゴリズムは，整数変数ベクトル $\boldsymbol{x}$ に対する有限な上限値が与えられていれば，必ず有限回で終了することが保証されるものの，探索過程においてリスト L に含まれる問題の数が増大して，記憶領域が不足したり，計算時間が許容範囲を超えてしまうという危険性を含んでいる．したがって，分枝限定法を効率化するためには，終端されていない問題の数をいかにして減少させるかということや，計算を途中で打ち切った場合でも望ましい実行可能解が得られるように，可能な限り早い段階で望ましい

[*8)] 紙面の都合上，連続緩和問題としての線形計画問題のシンプレックス・タブローはここには記載しないが，タブローの詳細については章末問題 4.9 の解答を参照していただきたい．

表 **4.2** 混合整数計画問題の数値例に対する分枝限定法による探索過程

探索問題	x_1	x_2	y	$\bar{z}^k$	z^*	操作	L
P_0	4.8	2.1	0	-22.8	∞	分枝	$\{P_1, P_2\}$
P_1	4	2.5	0	-22	∞	分枝	$\{P_2, P_3, P_4\}$
P_2		実行不可能			∞	限定	$\{P_3, P_4\}$
P_3	4	2	2/3	-22	-22	更新	$\{P_4\}$
P_4	3	3	0	-21	-22	限定	$\emptyset$

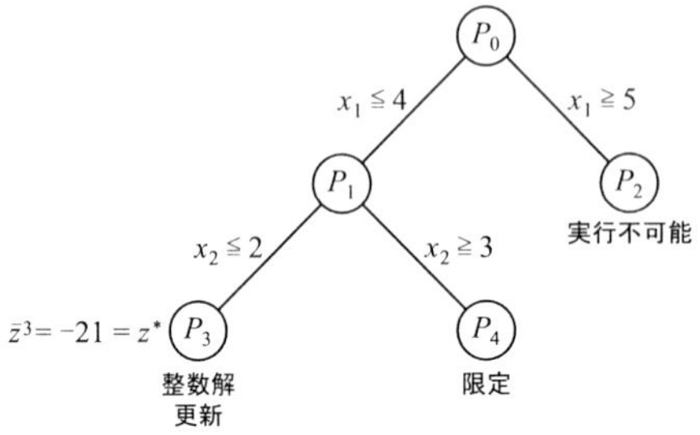

図 **4.4** 混合整数計画問題の数値例に対する樹状図

実行可能解を求めるという工夫が要求される．そのためには，線形計画法を用いる分枝限定法のアルゴリズムにおける分枝変数の選択方法と，リスト L から取り出す問題の選択方法が重大な鍵になるとされてきている．これらの選択方法に関しては，これまでにさまざまな工夫が施されてきているが，残念ながら個々の問題の構造に強く依存する場合が多く，普遍的に良いと認められている方法はいまだに解明されていないというのが現状であろう．

章末問題

4.1 非負の変数 $x_j \geqq 0,\ j = 1, \ldots, n$ は m 個の制約式

$$\sum_{j=1}^{n} a_{ij} x_j \leqq b_i,\ \ i = 1, \ldots, m$$

のうち少なくとも k 個をみたすというような条件は**論理条件**とよばれる．これらの制約式はすべて有界であると仮定して，十分大きな m 個の正数 M_i と m 個の 0–1 変数 δ_i, $i = 1, \ldots, m$ を導入して，この論理条件を定式化せよ．

4.2 プロジェクト選択問題に次のような論理条件が追加されたものとして，整数計画問題として定式化せよ．

(1) プロジェクト j を採択するためにはプロジェクト i も採択しなければならない.

(2) プロジェクト i と j のいずれかが採択されているときに限り，プロジェクト k を採択することができる.

(3) プロジェクト i と j の両方が採択されているときには，プロジェクト k を採択してはならない.

4.3 n 種類の異なる仕事を繰り返して実行する機械があり，これらの仕事はどのような順序で行ってもよいが，実行する順序を決定するとその順序で何回も同じ作業を繰り返すものとする．ここで，仕事 i から仕事 j への切り替えに c_{ij} 秒の切り替え時間がかかるものすれば，どのような順序で仕事を行えば機械の遊び時間を最小にすることができるかという問題は，**機械のスケジューリング問題**としてよく知られている．この問題に対して，あるサイクルで何番目にどの仕事を実行するのかを表す n^2 個の 0–1 変数

$$x_{ij} = \begin{cases} 1, & \text{第 } i \text{ 番目に仕事 } j \text{ を行うとき} \\ 0, & \text{第 } i \text{ 番目に仕事 } j \text{ を行わないとき} \end{cases}$$

を導入して，機械のスケジューリング問題を整数計画問題として定式化せよ.

4.4 **巡回セールスマン問題**とは，ある 1 人のセールスマンがいくつかの都市を次々に一度ずつ訪問して，最後に出発点に戻らなければならないときに，最短の距離で回る順序を決定するという問題である．すなわち，すべての都市を一度だけ訪問するという制約条件のもとで，総距離を最小にするという組合せ最適化問題である．都市の数を n，都市 i と都市 j の間の距離を d_{ij} として，0–1 変数

$$x_{ij} = \begin{cases} 1, & \text{都市 } i \text{ の次に都市 } j \text{ を訪問するとき} \\ 0, & \text{都市 } i \text{ の次に都市 } j \text{ を訪問しないとき} \end{cases}$$

を導入して，巡回セールスマン問題を整数計画問題として定式化せよ.

4.5 例 4.3 のナップサック問題 (4.7) において，c_j/a_j は，単位重量当たりの貢献度と解釈できるので，$\gamma_j = c_j/a_j$ を x_j の効率とよび，効率の良い順にナップサックに詰め込むという，**欲張り法**あるいは**貪欲解法**とよばれる次のような近似解法がよく知られている.

欲張り法のアルゴリズム

手順 **0**（初期化） 添字 j を $\gamma_1 \geqq \gamma_2, \ldots, \geqq \gamma_n$ のように効率の良い順に並べ替えて，$b^* := b,\ z := 0,\ l = 0$ と設定する.

手順 **1**（終了判定） $l := l + 1$ として，$l > n$ であれば終了する.

手順 **2**（変数値の固定） $a_l \leqq b^*$ ならば $x_l := 1,\ b^* := b^* - a_l,\ z := z + c_l$ として，手順 1 へもどる．$a_l > b^*$ ならば $x_l := 0$ として，手順 1 へもどる.

また，欲張り法の手順を逆にして，最初にすべての品物を選んでおいて，効率の悪い順にナップサックから取り除いていくという近似解法も考えられている．このような場合には，最初にすべての変数 x_j の値が 1 であるという解から出発して x_j の効率 $\gamma_j = c_j/a_j$

の小さなものから順に $x_j := 0$ に変更して，$\sum_{j=1}^{n} a_j x_j \leqq b$ ならば終了する．このような近似解法はけちけち法とよばれ，欲張り法で得られた解とは一般に一致するとは限らない．

7 変数のナップサック問題

$$\begin{array}{ll} \text{maximize} & 5x_1 + 10x_2 + 13x_3 + 4x_4 + 3x_5 + 11x_6 + 13x_7 \\ \text{subject to} & 2x_1 + 5x_2 + 18x_3 + 3x_4 + 2x_5 + 5x_6 + 10x_7 \leqq 21 \\ & x_j \in \{0,1\},\ j = 1, \ldots 7 \end{array}$$

を欲張り法とけちけち法で解いて得られた解を比較してみよ．

4.6　整数計画問題

$$\begin{array}{ll} \text{minimize} & z = \boldsymbol{cx} \\ \text{subject to} & A_1\boldsymbol{x} \leqq \boldsymbol{b}^1 \\ & A_2\boldsymbol{x} = \boldsymbol{b}^2 \\ & \boldsymbol{x} \geqq \boldsymbol{0},\ \boldsymbol{x} \in Z^n \end{array}$$

に対して，この問題から制約式 $A_1\boldsymbol{x} \leqq \boldsymbol{b}^1$ を取り除いた緩和問題

$$\begin{array}{ll} \text{minimize} & z = \boldsymbol{cx} \\ \text{subject to} & A_2\boldsymbol{x} = \boldsymbol{b}^2 \\ & \boldsymbol{x} \geqq \boldsymbol{0},\ \boldsymbol{x} \in Z^n \end{array}$$

はもとの問題より解きやすい問題になるものとする．このとき，制約式 $A_1\boldsymbol{x} \leqq \boldsymbol{b}^1$ をラグランジュ乗数 $\boldsymbol{u} \geqq \boldsymbol{0}$ を用いて目的関数に組み込んだラグランジュ緩和問題

$$\begin{array}{ll} \text{minimize} & L(\boldsymbol{u}) = \boldsymbol{cx} + \boldsymbol{u}(A_1\boldsymbol{x} - \boldsymbol{b}^1) \\ \text{subject to} & A_2\boldsymbol{x} = \boldsymbol{b}^2 \\ & \boldsymbol{x} \geqq \boldsymbol{0},\ \boldsymbol{x} \in Z^n \end{array}$$

を定義すると，次の性質が成立することを証明せよ．

(1)　任意に固定した $\boldsymbol{u} \geqq \boldsymbol{0}$ に対して，ラグランジュ緩和問題の最適解 $\boldsymbol{x}(\boldsymbol{u})$ はもとの問題の下界値を与える．

(2)　ある $\boldsymbol{u}^* \geqq \boldsymbol{0}$ に対して，$A_1\boldsymbol{x}(\boldsymbol{u}^*) \leqq \boldsymbol{b}^1$ かつ $\boldsymbol{u}^*(A_1\boldsymbol{x}(\boldsymbol{u}^*) - \boldsymbol{b}^1) = 0$ となれば $\boldsymbol{x}(\boldsymbol{u}^*)$ はもとの問題の最適解である．

ここで，$\boldsymbol{c}$ は n 次元行ベクトル，$\boldsymbol{x}$ は n 次元列ベクトル，$\boldsymbol{b}^1$ は m_1 次元列ベクトル，$\boldsymbol{b}^2$ は m_2 次元列ベクトル，$\boldsymbol{u}$ は m_1 次元行ベクトルで，A_1 は $m_1 \times n$ 行列，A_2 は $m_2 \times n$ 行列である．

4.7　例 4.6 の全整数計画問題の数値例に対して，線形計画法を用いる分枝限定法のアルゴリズムで解くときに必要となる連続緩和問題としての線形計画問題のすべてのシンプレックス・タブローを求めてみよ．

4.8　次の全整数計画問題を分枝限定法で解け．

$$\begin{aligned} \text{minimize} \quad & z = -7x_1 - 3x_2 \\ \text{subject to} \quad & 2x_1 + 5x_2 \leqq 30 \\ & 8x_1 + 3x_2 \leqq 48 \\ & 0 \leqq x_1, x_2 \in Z \end{aligned}$$

4.9 例 4.7 の混合整数計画問題の数値例に対して，線形計画法を用いる分枝限定法のアルゴリズムで解くときに必要となる連続緩和問題としての線形計画問題のすべてのシンプレックス・タブローを求めてみよ.

4.10 次の混合整数計画問題を分枝限定法で解け.

$$\begin{aligned} \text{minimize} \quad & z = -4x_1 - 3x_2 - 5y \\ \text{subject to} \quad & 3x_1 + 4x_2 \leqq 10 \\ & 2x_1 + x_2 + y \leqq 7 \\ & 3x_1 + x_2 + 4y \leqq 12 \\ & 0 \leqq x_1, x_2 \in Z,\ y \geqq 0 \end{aligned}$$

5 多目的線形計画法

近年，社会的要求の多様化にともなって単一目的を用いた線形計画法よりはむしろ，相競合する複数個の目的をも同時に考慮した多目的線形計画法への需要が高まってきており，理論面のみならず，実際面からの数多くの研究が活発になされてきている．与えられた線形の制約条件のもとで，複数個の相競合する線形の目的関数を同時に最適化する，という多目的線形計画問題に対しては，複数個の線形の目的関数を同時に最適化する（完全）最適解は一般には存在しない．したがって，ある目的関数を改善するためには少なくとも他の一つの目的関数を犠牲にせざるを得ないような解として，パレート最適解の概念が導入されてきている．このような解は，もとの問題をなんらかの方法で変換して得られるスカラー化問題を解くことにより求めることができるが，一般に，無限個の点からなる解集合を形成するので，現実の意思決定においては，人間として意思決定者が，自己の選好に基づいてパレート最適解の集合の中から最終的に合理的な解を選択しなければならない．本章では，このような多目的線形計画問題の解の概念とスカラー化手法，および多目的線形計画問題に対する対話型手法について概観する．

5.1 多目的線形計画問題と解の概念

例 1.3 で考察した環境汚染を考慮した生産計画の問題は，与えられた線形の制約条件と変数に対する非負条件のもとで，負の利潤の最小化と汚染物の排出量の最小化の 2 つの目的関数を同時に考慮した 2 目的線形計画問題として

$$
\left.\begin{array}{ll}
\text{minimize} & z_1 = -3x_1 - 8x_2 \\
\text{minimize} & z_2 = 5x_1 + 4x_2 \\
\text{subject to} & 2x_1 + 6x_2 \leqq 27 \\
 & 3x_1 + 2x_2 \leqq 16 \\
 & 4x_1 + x_2 \leqq 18 \\
 & \quad x_1 \geqq 0, \quad x_2 \geqq 0
\end{array}\right\} \tag{5.1}
$$

と定式化されることを思い出してみよう．

このような複数個のお互いに**相競合**する線形の目的関数を，与えられた線形の制約条件と変数に対する非負条件のもとで，同時に最適化するという問題は，**多目的線形計画問題**とよばれ，一般には，次のように定式化される[*1)]．

$$
\left.\begin{array}{ll}
\text{minimize} & z_1(\boldsymbol{x}) = \boldsymbol{c}_1\boldsymbol{x} \\
\text{minimize} & z_2(\boldsymbol{x}) = \boldsymbol{c}_2\boldsymbol{x} \\
\cdots\cdots\cdots\cdots & \\
\text{minimize} & z_k(\boldsymbol{x}) = \boldsymbol{c}_k\boldsymbol{x} \\
\text{subject to} & A\boldsymbol{x} \leqq \boldsymbol{b} \\
 & \quad \boldsymbol{x} \geqq \boldsymbol{0}
\end{array}\right\} \tag{5.2}
$$

ここで

$$
\boldsymbol{c}_i = (c_{i1}, c_{i2}, \ldots, c_{in}), \quad i = 1, 2, \ldots, k
$$

$$
\boldsymbol{x} = \begin{pmatrix} x_1 \\ x_2 \\ \vdots \\ x_n \end{pmatrix}, \quad A = \begin{bmatrix} a_{11} & a_{12} & \cdots & a_{1n} \\ a_{21} & a_{22} & \cdots & a_{2n} \\ \cdots & \cdots & \cdots & \cdots \\ a_{m1} & a_{m2} & \cdots & a_{mn} \end{bmatrix}, \quad \boldsymbol{b} = \begin{pmatrix} b_1 \\ b_2 \\ \vdots \\ b_m \end{pmatrix}
$$

は，それぞれ，与えられた費用係数のベクトル，決定変数のベクトル，係数行列，右辺定数のベクトルで，$\boldsymbol{0}$ は 0 を要素とする n 次元列ベクトルを表す．

多目的線形計画問題 (5.2) は 等価的に，ベクトル最小化の形式で

$$
\left.\begin{array}{ll}
\text{minimize} & \boldsymbol{z}(\boldsymbol{x}) = (z_1(\boldsymbol{x}), z_2(\boldsymbol{x}), \ldots, z_k(\boldsymbol{x}))^T \\
\text{subject to} & A\boldsymbol{x} \leqq \boldsymbol{b} \\
 & \quad \boldsymbol{x} \geqq \boldsymbol{0}
\end{array}\right\} \tag{5.3}
$$

[*1)] 以下の章では，便宜上不等式制約式から出発しているが，等式制約式の場合も同様の議論が可能である．

と定式化される．ここで，すべての制約条件をみたす変数ベクトル $\boldsymbol{x}$，すなわち実行可能領域を

$$X = \{\boldsymbol{x} \in R^n \mid A\boldsymbol{x} \leqq \boldsymbol{b},\ \boldsymbol{x} \geqq \boldsymbol{0}\} \tag{5.4}$$

と表して，さらに $C = (\boldsymbol{c}_1, \boldsymbol{c}_2, \ldots, \boldsymbol{c}_k)^T$ なる $k \times n$ 行列を導入すれば，多目的線形計画問題 (5.3) は

$$\left.\begin{array}{ll} \text{minimize} & \boldsymbol{z}(\boldsymbol{x}) = C\boldsymbol{x} \\ \text{subject to} & \boldsymbol{x} \in X \end{array}\right\} \tag{5.5}$$

のように簡潔に表される．

多目的線形計画問題の目的関数は，このようにベクトル値になるので，通常のスカラー値の目的関数をもつ単一目的の場合の最適解と同様に議論することはできない．しかし，多目的線形計画問題に対して，単一目的の最適解の概念を形式的に素直に適用すれば，次の**完全最適解**の概念が定義できる．

完全最適解

すべての $\boldsymbol{x} \in X$ に対して $z_i(\boldsymbol{x}^*) \leqq z_i(\boldsymbol{x}), i = 1, \ldots, k$ となる $\boldsymbol{x}^* \in X$ が存在するとき，$\boldsymbol{x}^*$ を完全最適解であるという．

ところが，複数個の目的関数を同時に最小化するという完全最適解は，目的関数が相競合する場合には，一般には存在しない．したがって，多目的線形計画問題に対しては，完全最適解の代わりに消極的な解として，ある目的関数の値を改善するためには，少なくとも他の 1 つの目的関数の値を改悪せざるを得ないような解の概念が，経済学者 Pareto によって初めて定義され，**パレート最適解**とよばれている．

パレート最適解

$\boldsymbol{x}^* \in X$ に対して，$z_i(\boldsymbol{x}) \leqq z_i(\boldsymbol{x}^*), i = 1, \ldots, k$ で，しかも，ある j について $z_j(\boldsymbol{x}) < z_j(\boldsymbol{x}^*)$ となるような $\boldsymbol{x} \in X$ が存在しないとき，$\boldsymbol{x}^*$ をパレート最適解とよぶ．

このようなパレート最適解は，他よりも劣っていない解という意味で，**非劣解**ともよばれている．また，他のどの解にも支配されない解という意味で，**非支配解**と

もよばれている[*2)]．これに対して，非劣解でないような実行可能解は劣解とよばれる．

また，パレート最適解より弱い解の概念として，弱パレート最適解が定義されている．

弱パレート最適解

> $\boldsymbol{x}^* \in X$ に対して $z_i(\boldsymbol{x}) < z_i(\boldsymbol{x}^*),\ i = 1, \ldots, k$ となる $\boldsymbol{x} \in X$ が存在しないとき，$\boldsymbol{x}^*$ を弱パレート最適解であるという．

多目的線形計画問題の完全最適解の集合を X^{CO}，パレート最適解の集合を X^P，弱パレート最適解の集合を X^{WP} と表せば，定義より

$$X^{CO} \subset X^P \subset X^{WP} \tag{5.6}$$

なる関係が成立することがわかる．

例 5.1 （環境汚染を考慮した **2** 目的の生産計画の問題のパレート最適解）

多目的線形計画問題に対するパレート最適解の概念に対する理解を助けるために，環境汚染を考慮した 2 目的の生産計画の問題 (5.1) について考えてみよう．x_1–x_2 平面におけるこの問題の実行可能領域 X を図示すると，図 5.1 の左図の凸五角形 $ABCDE$ の境界線上および内部になる．5 個の端点 A, B, C, D, E のうち，明らかに z_1 の最小値は端点 $D(3, 3.5)$ で与えられるが，z_2 の最小値は端点 $A(0,0)$ で与えられる．これらの 2 つの端点 A, D は，それぞれ，目的関数 z_1, z_2 の値をこれ以上改善することができないので，明らかにパレート最適解である．端点 A, D に加えて，端点 E，および線分 AE, ED 上の点はすべて，z_1, z_2 のいずれかの値を改善（小さく）するためには他方の値を改悪（大きく）せざるを得ないので，パレート最適解である．しかし，残りの実行可能解に対しては，少なくともいずれかの目的関数の値をより小さくするような実行可能解が存在するので，パレート最適解ではない．

いま述べてきたことは，z_1–z_2 平面における実行可能領域

$$Z = \{(z_1, z_2) \mid x \in X\} \tag{5.7}$$

を示す図 5.1 の右図を見れば，より明白になるであろう． ■

---

*2) $\boldsymbol{x}_1, \boldsymbol{x}_2 \subset X$ に対して，$z_i(\boldsymbol{x}_1) \leqq z_i(\boldsymbol{x}_2),\ i = 1, \ldots, k$ で，しかも，ある j について $z_j(\boldsymbol{x}_1) < z_j(\boldsymbol{x}_2)$ であれば，$\boldsymbol{x}_1$ は $\boldsymbol{x}_2$ に支配されないという．さらにある $\boldsymbol{x}^*$ に支配されないような $\boldsymbol{x} \in X$ が存在しないとき，$\boldsymbol{x}^*$ をパレート最適解あるいは非支配解とよぶ．

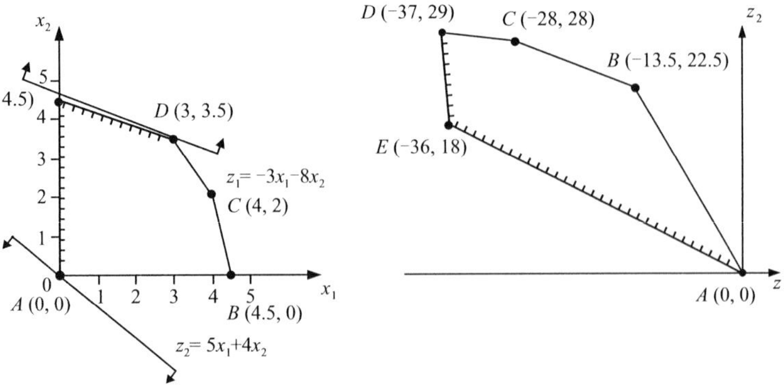

図 **5.1** x_1–x_2 平面と z_1–z_2 平面における実行可能領域とパレート最適解

5.2 スカラー化手法

多目的線形計画問題のパレート最適解の集合は，通常，多目的線形計画問題をなんらかの工夫により単一目的の最適化問題に変換して，その最適解をパレート最適解に対応づけるという，いわゆるスカラー化手法により求めることができる．ここでは代表的なスカラー化手法として，重み係数法，制約法および重み付けミニマックス法について考察する．

5.2.1 重み係数法

重み係数法は，多目的線形計画問題の複数個の目的関数の重みつき総和を単一の目的関数として最小化するという，次の**重み係数問題**を解くことにより，パレート最適解を求める手法である．

$$\left.\begin{array}{ll} \text{minimize} & \boldsymbol{w}\boldsymbol{z}(\boldsymbol{x}) = \sum_{i=1}^{k} w_i z_i(\boldsymbol{x}) \\ \text{subject to} & \boldsymbol{x} \in X \end{array}\right\} \tag{5.8}$$

ここで，$\boldsymbol{w} = (w_1, w_2, \ldots, w_k) \neq \boldsymbol{0}$ は重み係数で，$\boldsymbol{w} \geqq \boldsymbol{0}$ である．

重み係数問題の最適解 $\boldsymbol{x}^*$ と (5.2) のパレート最適解の関係は次のようになる．

$\boldsymbol{w} > \boldsymbol{0}$ に対する重み係数問題の最適解のパレート最適性

> $\boldsymbol{x}^* \in X$ がある $\boldsymbol{w} > \boldsymbol{0}$ に対する重み係数問題の最適解であれば，$\boldsymbol{x}^*$ は多目的線形計画問題のパレート最適解である．

実際，重み係数問題の最適解 $\boldsymbol{x}^*$ が 多目的線形計画問題のパレート最適解ではないと仮定すれば，ある j に対して $z_j(\boldsymbol{x}) < z_j(\boldsymbol{x}^*)$ かつ $z_i(\boldsymbol{x}) \leqq z_i(\boldsymbol{x}^*)$, $i = 1, \ldots, k; i \neq j$ となる $\boldsymbol{x} \in X$ が存在するので，$\boldsymbol{w} = (w_1, \ldots, w_k) > \boldsymbol{0}$ であることを考慮すれば，$\sum_i w_i z_i(\boldsymbol{x}) < \sum_i w_i z_i(\boldsymbol{x}^*)$ が成立して $\boldsymbol{x}^*$ が $\boldsymbol{w} > \boldsymbol{0}$ に対する重み係数問題の最適解であることに矛盾することにより，この関係が導かれる．

ここで,「$\boldsymbol{w} > \boldsymbol{0}$ に対する重み係数問題の最適解」という条件は,「$\boldsymbol{w} \geqq \boldsymbol{0}$, $\boldsymbol{w} \neq \boldsymbol{0}$ に対する重み係数問題の一意的な最適解」に置き換えられることに注意しよう．

この関係の逆，すなわち，$\boldsymbol{x}^* \in X$ が多目的線形計画問題のパレート最適解であれば，$\boldsymbol{x}^*$ は $\boldsymbol{w} \geqq \boldsymbol{0}$, $\boldsymbol{w} \neq \boldsymbol{0}$ に対する重み係数問題の最適解になることは，一般の多目的線形計画問題に対しては必ずしも成立しないが，本章で考察する線形の場合には成立することが示される[*3)]．

パレート最適解の重み係数問題の最適性

> $\boldsymbol{x}^* \in X$ が多目的線形計画問題のパレート最適解であれば，$\boldsymbol{x}^*$ は $\boldsymbol{w} = (w_1, \ldots, w_k) \geqq \boldsymbol{0}$, $\boldsymbol{w} \neq \boldsymbol{0}$ に対する重み係数問題の最適解である．

例 **5.2** （**2** 目的線形計画問題に対する重み係数法）

2 目的線形計画問題 (5.1) に対して重み係数法を適用してみよう．対応する重み係数問題は，次のようになる．

$$
\begin{aligned}
\text{minimize} \quad & \boldsymbol{wz}(\boldsymbol{x}) = w_1(-3x_1 - 8x_2) + w_2(5x_1 + 4x_2) \\
\text{subject to} \quad & 2x_1 + 6x_2 \leqq 27 \\
& 3x_1 + 2x_2 \leqq 16 \\
& 4x_1 + x_2 \leqq 18 \\
& x_1 \geqq 0, \ x_2 \geqq 0
\end{aligned}
$$

この例に対して，たとえば，$w_1 = 0.4$, $w_2 = 0.6$ とおけば

$$\boldsymbol{wz}(\boldsymbol{x}) = 1.8x_1 - 0.8x_2$$

となるので，図 5.2 より，端点 $(0, 4.5)$ がパレート最適解として得られることがわかる．また 2 つの特別な場合として，$w_1 = 1$, $w_2 = 0$ および $w_1 = 0$, $w_2 = 1$ とおけば，それぞれの問題の最適解は，図 5.2 より，端点 $(3, 3.5)$ および端点 $(0, 0)$ となる．このとき，$\boldsymbol{w} > \boldsymbol{0}$ なる条件は満たしてないが，図 5.1 での考察により，

---

*3) 詳細に興味のある読者は章末問題 5.3 の解答を参照せよ．

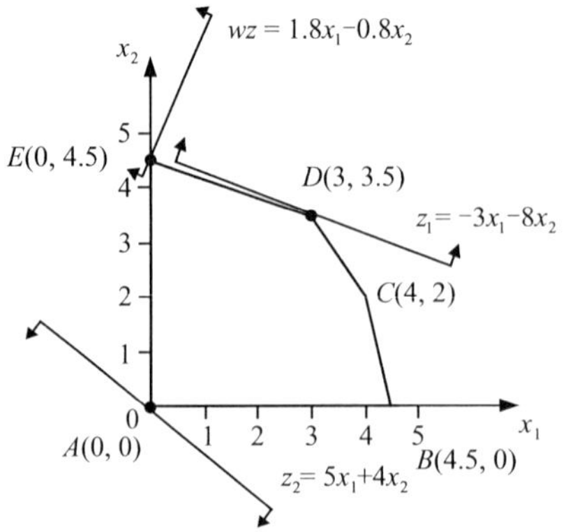

図 **5.2** 例 1.3 の数値例に対する重み係数法

これらの 2 つの端点はパレート最適解となっている. ■

5.2.2 制 約 法

制約法とは，多目的線形計画問題のある一つの目的関数（ここでは一般性を失うことなく j 番目の目的関数とする）以外の目的関数に対しては上限を設定して制約条件に変換するというスカラー化手法である．すなわち，任意の $z_j(\boldsymbol{x})$ のみを目的関数とし，残りの $(k-1)$ 個の目的関数に上限値 $\varepsilon_i,\ i = 1, 2, \ldots, k;\ i \neq j$ を設定して，ε 制約とよばれる不等式制約に変換した，次の制約問題を解くことにより，パレート最適解を求める手法である.

$$\left.\begin{array}{ll} \text{minimize} & z_j(\boldsymbol{x}) \\ \text{subject to} & z_i(\boldsymbol{x}) \leqq \varepsilon_i, \quad i = 1, 2, \ldots, k;\ i \neq j \\ & \boldsymbol{x} \in X \end{array}\right\} \tag{5.9}$$

制約問題の最適解 $\boldsymbol{x}^*$ と (5.2) のパレート最適解の関係は次のようになる.

制約問題の一意的な最適解のパレート最適性

> $\boldsymbol{x}^* \in X$ がある $\varepsilon_i,\ i = 1, \ldots, k;\ i \neq j$ に対する制約問題の一意的な最適解であれば，$\boldsymbol{x}^*$ は多目的線形計画問題のパレート最適解である.

実際，制約問題の一意的な最適解 $\boldsymbol{x}^*$ が多目的線形計画問題のパレート最適解ではないと仮定すれば，ある l に対して $z_l(\boldsymbol{x}) < z_l(\boldsymbol{x}^*)$ かつ $z_i(\boldsymbol{x}) \leqq z_i(\boldsymbol{x}^*)$, $i = 1, \ldots, k;\ i \neq l$ となるような $\boldsymbol{x} \in X$ が存在する．このことは $z_i(\boldsymbol{x}) \leqq z_i(\boldsymbol{x}^*) \leqq$

$\varepsilon_i,\ i=1,\ldots,k;\ i \neq j$ かつ $z_j(\boldsymbol{x}) < z_j(\boldsymbol{x}^*)$ あるいは $z_i(\boldsymbol{x}) \leqq z_i(\boldsymbol{x}^*) \leqq \varepsilon_i$, $i=1,\ldots,k;\ i \neq j$ かつ $z_j(\boldsymbol{x}) = z_j(\boldsymbol{x}^*)$ のいずれかであることを意味し，$\boldsymbol{x}^*$ がある $\varepsilon_i, i=1,\ldots,k$ に対する制約問題の一意的な最適解であることに矛盾するので，この関係が得られる．ここで，解の一意性がなければ，弱パレート最適性しか保証されないことがわかる．

パレート最適解の制約問題の最適性

> $\boldsymbol{x}^* \in X$ が多目的線形計画問題のパレート最適解であれば，$\boldsymbol{x}^*$ は ある ε_i, $i=1,\ldots,k; i \neq j$ に対する制約問題の最適解である．

実際，多目的線形計画問題のパレート最適解 $\boldsymbol{x}^* \in X$ が，$\varepsilon_i = z_i(\boldsymbol{x}^*)$, $i = 1,\ldots,k; i \neq j$ に対する制約問題の最適解ではないと仮定すれば $z_j(\boldsymbol{x}) < z_j(\boldsymbol{x}^*)$ かつ $z_i(\boldsymbol{x}) \leqq \varepsilon_i = z_i(\boldsymbol{x}^*)$, $i=1,\ldots,k;\ i \neq j$ をみたす $\boldsymbol{x} \in X$ が存在するので，$\boldsymbol{x}^* \in X$ がパレート最適解であることに矛盾することになり，この関係が成立する．

例 **5.3** （**2** 目的線形計画問題に対する制約法）

2 目的線形計画問題 (5.1) に対して制約法を適用してみよう．$k=1$ に対する制約問題は，次のようになる．

$$
\begin{array}{lrcl}
\text{minimize} & z_1 = -3x_1 - 8x_2 & & \\
\text{subject to} & 2x_1 + 6x_2 & \leqq & 27 \\
 & 3x_1 + 2x_2 & \leqq & 16 \\
 & 4x_1 + x_2 & \leqq & 18 \\
 & z_2 = \ 5x_1 + 4x_2 & \leqq & \varepsilon_2 \\
 & x_1 \geqq 0,\ x_2 \geqq 0 & &
\end{array}
$$

ここでたとえば $\varepsilon_2 = 14$ とすれば，z_1–z_2 平面における図 5.3 より，$(z_1, z_2) = (-28, 14)$ となるようなパレート最適解 $(x_1, x_2) = (0, 3.5)$ が求められる．また $\varepsilon_2 = 18$ とすれば，図 5.3 よりこの制約問題の最適解は端点 $(-36, 18)$ であることがわかり，パレート最適解 $(x_1, x_2) = (0, 4.5)$ が得られる． ■

5.2.3 重み付けミニマックス法

重み付けミニマックス法は，次の重み付けミニマックス問題を解くことにより，パレート最適解を求めるという手法である．

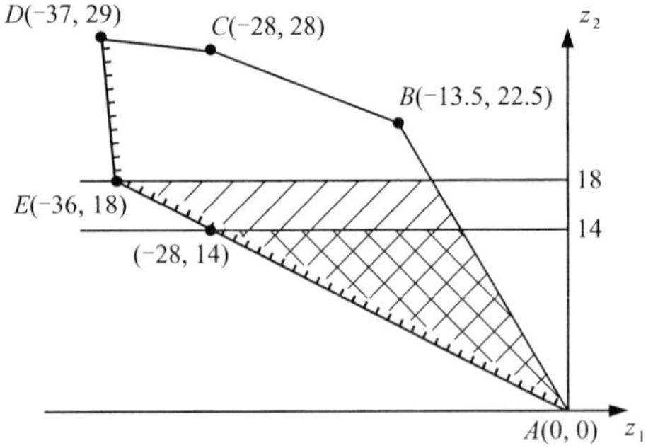

図 **5.3**　例 1.3 の数値例に対する制約法

$$\left.\begin{array}{ll}\text{minimize} & \max_{i=1,\ldots,k}\ \{w_i z_i(\boldsymbol{x})\} \\ \text{subject to} & \boldsymbol{x} \in X\end{array}\right\} \quad (5.10)$$

この問題は，補助変数 v を用いれば，等価的に次のように表される．

$$\left.\begin{array}{ll}\text{minimize} & v \\ \text{subject to} & w_i z_i(\boldsymbol{x}) \leqq v, \quad i=1,2,\ldots,k \\ & \boldsymbol{x} \in X\end{array}\right\} \quad (5.11)$$

ここで，一般性を失うことなく，$z_i(\boldsymbol{x}) > 0, \boldsymbol{x} \in X, i = 1,\ldots,k$ と仮定する．というのは，$z_i(\boldsymbol{x}) > 0, \boldsymbol{x} \in X$ が成立しないような目的関数に対しては，たとえば，その目的関数の個別の最小値 $z_i^{\min}$ すなわち $z_i^{\min} = \min_{\boldsymbol{x}\in X} z_i(\boldsymbol{x})$ を用いて，$\hat{z}_i(\boldsymbol{x}) = z_i(\boldsymbol{x}) - z_i^{\min}$ とおけば，$\hat{z}_i(\boldsymbol{x}) > 0, \boldsymbol{x} \in X$ となるからである．

重み付けミニマックス問題において，$\max_{i=1,\ldots,k}\{w_i z_i\} = c$ （一定）の等高線は，幾何学的には，目的関数空間で与えられた重みに対応した矩形になるので，重み付けミニマックス問題を解けば，図 5.4 に示されているように

$$Z = \{\boldsymbol{z}(\boldsymbol{x}) \mid \boldsymbol{x} \in X\}$$

をこの矩形が支持するパレート最適解が求められる．

重み付けミニマックス問題の最適解 $\boldsymbol{x}^*$ と多目的線形計画問題 (5.2) のパレート最適解の関係は次のようになる．

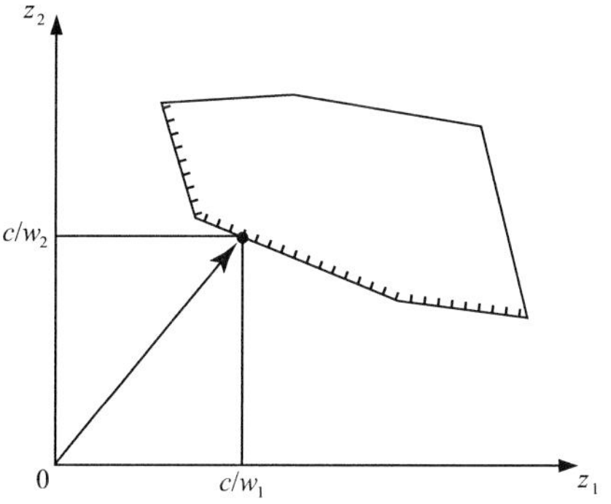

図 **5.4** 重み付けミニマックス問題の幾何学的解釈

重み付けミニマックス問題の一意的な最適解のパレート最適性

> $\boldsymbol{x}^* \in X$ がある $\boldsymbol{w} = (w_1, \ldots, w_k) \geqq \boldsymbol{0}$, $\boldsymbol{w} \neq \boldsymbol{0}$ に対する重み付けミニマックス問題の一意的な最適解であれば，$\boldsymbol{x}^*$ は多目的線形計画問題のパレート最適解である．

実際，$\boldsymbol{w} = (w_1, \ldots, w_k) \geqq \boldsymbol{0}$, $\boldsymbol{w} \neq \boldsymbol{0}$ に対する重み付けミニマックス問題の一意的な最適解 $\boldsymbol{x}^*$ が多目的線形計画問題のパレート最適解ではないと仮定すれば，ある j に対して $z_j(\boldsymbol{x}) < z_j(\boldsymbol{x}^*)$ かつ $z_i(\boldsymbol{x}) \leqq z_i(\boldsymbol{x}^*)$, $i = 1, \ldots, k$; $i \neq j$ となる $\boldsymbol{x} \in X$ が存在する．ここで $\boldsymbol{w} = (w_1, \ldots, w_k) \geqq \boldsymbol{0}$, $\boldsymbol{w} \neq \boldsymbol{0}$ であることを考慮すれば，$w_i z_i(\boldsymbol{x}) \leqq w_i z_i(\boldsymbol{x}^*)$, $i = 1, \ldots, k$ となり，$\max_{i=1,\ldots,k} w_i z_i(\boldsymbol{x}) \leqq \max_{i=1,\ldots,k} w_i z_i(\boldsymbol{x}^*)$ が成立する．このことは $\boldsymbol{x}^*$ が $\boldsymbol{w} = (w_1, \ldots, w_k) \geqq \boldsymbol{0}$, $\boldsymbol{w} \neq \boldsymbol{0}$ に対する，重み付けミニマックス問題の一意的な最適解であることに矛盾するのでこの関係が導かれる．このような考察より，解の一意性の保証がなければ，弱パレート最適性の保証しかされないことがわかる．

パレート最適解の重み付けミニマックス問題の最適性

> $\boldsymbol{x}^* \in X$ が多目的線形計画問題のパレート最適解であれば，$\boldsymbol{x}^*$ はある $\boldsymbol{w} = (w_1, \ldots, w_k) > \boldsymbol{0}$ に対する重み付けミニマックス問題の最適解である．

実際，多目的線形計画問題のパレート最適解 $\boldsymbol{x}^* \in X$ に対して，$w_i z_i(\boldsymbol{x}^*) = v^*$, $i = 1, \ldots, k$ となる $\boldsymbol{w} = (w_1, \ldots, w_k) \geqq \boldsymbol{0}$ を選ぶ．このとき $\boldsymbol{z}(\boldsymbol{x}) > \boldsymbol{0}$, $\boldsymbol{x} \in X$

より，$\boldsymbol{w} = (w_1, \ldots, w_k) > \boldsymbol{0}$ となり，$\boldsymbol{x}^*$ は重み付けミニマックス問題の最適解となる．なぜなら，もし $\boldsymbol{x}^*$ が重み付けミニマックス問題の最適解ではないと仮定すると，$w_i z_i(\boldsymbol{x}) < w_i z_i(\boldsymbol{x}^*) = v^*, i = 1, \ldots, k$ となる $\boldsymbol{x} \in X$ が存在するので $\boldsymbol{w} = (w_1, \ldots, w_k) > \boldsymbol{0}$ より，$z_i(\boldsymbol{x}) < z_i(\boldsymbol{x}^*), i = 1, \ldots, k$ となる $\boldsymbol{x} \in X$ が存在することを意味し，$\boldsymbol{x}^*$ がパレート最適解であることに矛盾するので，この関係が得られる．

例 5.4 （**2 目的線形計画問題に対する重み付けミニマックス法**）

2 目的線形計画問題 (5.1) に対して重み付けミニマックス法を適用してみよう．まず $z_1(\boldsymbol{x})$, $z_2(\boldsymbol{x})$ の個別の最小値はそれぞれ $\min_{\boldsymbol{x}\in X} z_1(\boldsymbol{x}) = -37$, $\min_{\boldsymbol{x}\in X} z_2(\boldsymbol{x}) = 0$ であるので, $\hat{z}_1(\boldsymbol{x}) = z_1(\boldsymbol{x}) - (-37)$ とし, 重み係数を $w_1 = 0.8$, $w_2 = 0.4$ とおけば，このときの対応する重み付きミニマックス問題は

$$\begin{array}{ll} \text{minimize} & \max\{-2.4x_1 - 6.4x_2 + 29.6, 2x_1 + 1.6x_2\} \\ \text{subject to} & 2x_1 + 6x_2 \leqq 27 \\ & 3x_1 + 2x_2 \leqq 16 \\ & 4x_1 + x_2 \leqq 18 \\ & \quad x_1 \geqq 0,\ x_2 \geqq 0 \end{array}$$

あるいは

$$\begin{array}{ll} \text{minimize} & v \\ \text{subject to} & 2x_1 + 6x_2 \leqq 27 \\ & 3x_1 + 2x_2 \leqq 16 \\ & 4x_1 + x_2 \leqq 18 \\ & -2.4x_1 - 6.4x_2 + 29.6 \leqq v \\ & 2x_1 + 1.6x_2 \leqq v \\ & \quad x_1 \geqq 0,\ x_2 \geqq 0 \end{array}$$

となる．この問題の最適解は，図 5.5 の左図より端点 $(z_1, z_2) = (7.4, 14.8)$ となることがわかる．ここで，もとの問題の最適解は，図 5.5 の左図の端点 $(7.4, 14.8)$ を z_1 軸に 37 だけ平行移動した点になるので，図 5.5 の右図に示されているように，もとの問題の最適解は右図の点 $(-29.6, 14.8)$ となり，パレート最適解 $(x_1, x_2) = (0, 3.7)$ が得られる． ■

制約法や重み付けミニマックス法におけるスカラー化問題の最適解 $\boldsymbol{x}^*$ の一意性が保証されなければ，$\boldsymbol{x}^*$ がパレート最適解であるかどうかをテストする必要がある．$\boldsymbol{x}^*$ のパレート最適性のテストは，線形計画問題

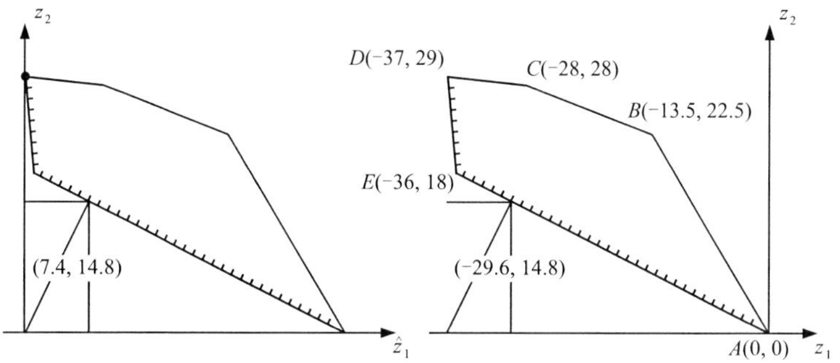

図 5.5 例 1.3 の数値例に対する重み付けミニマックス法

$$\left.\begin{array}{ll} \text{maximize} & \sum_{i=1}^{k} \varepsilon_i \\ \text{subject to} & z_i(\boldsymbol{x}) + \varepsilon_i = z_i(\boldsymbol{x}^*), \quad i = 1, \dots, k \\ & \boldsymbol{x} \in X,\ \boldsymbol{\varepsilon} = (\varepsilon_1, \dots, \varepsilon_k) \geqq \boldsymbol{0} \end{array}\right\} \tag{5.12}$$

を解くことにより実施できることがわかる．この $\boldsymbol{x}, \boldsymbol{\varepsilon}$ を変数とする線形計画問題の最適解 $\bar{\boldsymbol{x}}$，$\bar{\boldsymbol{\varepsilon}}$ に対して，次の関係が成立する．

パレート最適性のテスト問題の最適解のパレート最適性

パレート最適性のテスト問題の最適解 $\bar{\boldsymbol{x}}, \bar{\boldsymbol{\varepsilon}}$ に対して

(1) $\bar{\boldsymbol{\varepsilon}} = \boldsymbol{0}$ であれば，$\boldsymbol{x}^*$ は多目的線形計画問題のパレート最適解である．

(2) $\bar{\boldsymbol{\varepsilon}} \geqq \boldsymbol{0}, \bar{\boldsymbol{\varepsilon}} \neq \boldsymbol{0}$ のときは，$\boldsymbol{x}^*$ はパレート最適解ではないが，$\bar{\boldsymbol{x}}$ が多目的線形計画問題のパレート最適解となる．

実際，(1) $\bar{\boldsymbol{\varepsilon}} = \boldsymbol{0}$ のとき，$\boldsymbol{x}^*$ が多目的線形計画問題のパレート最適解ではないと仮定すると，$\boldsymbol{z}(\boldsymbol{x}) \leqq \boldsymbol{z}(\boldsymbol{x}^*)$, $\boldsymbol{z}(\boldsymbol{x}) \neq \boldsymbol{z}(\boldsymbol{x}^*)$ となる $\boldsymbol{x} \in X$ が存在するので，$\bar{\boldsymbol{\varepsilon}} = \boldsymbol{0}$ が (5.12) の最適解であることに矛盾する．また，(2) $\bar{\boldsymbol{\varepsilon}} \geqq \boldsymbol{0}, \bar{\boldsymbol{\varepsilon}} \neq \boldsymbol{0}$ のとき，$\bar{\boldsymbol{x}}$ が多目的線形計画問題のパレート最適解でないと仮定すると，$\boldsymbol{z}(\boldsymbol{x}) \leqq \boldsymbol{z}(\bar{\boldsymbol{x}})$, $\boldsymbol{z}(\boldsymbol{x}) \neq \boldsymbol{z}(\bar{\boldsymbol{x}})$ となる $\boldsymbol{x} \in X$ が存在する．したがって，ある $\boldsymbol{\varepsilon}' \geqq \boldsymbol{0}, \boldsymbol{\varepsilon}' \neq \boldsymbol{0}$ に対して $\boldsymbol{z}(\boldsymbol{x}) + \boldsymbol{\varepsilon}' = \boldsymbol{z}(\bar{\boldsymbol{x}})$ となる $\boldsymbol{x} \in X$ が存在することになり，このことは明らかに $\bar{\boldsymbol{\varepsilon}}$ が (5.12) の最適解であることに矛盾するのでこの関係が成立することがわかる．

5.3 対話型手法

一般に，多目的線形計画問題のパレート最適解は無数個の点からなる解集合を形成するので，現実の意思決定においては，意思決定者 (DM) は自己の選好構造に基づいて，最終的になんらかの合理的な解を選択しなければならない．しかし，意思決定者の選好構造を十分に反映させるいわゆる選好関数は本来未知なものであり，また直接同定することも困難である場合が多い．このような状況では，意思決定者の未知の選好関数を大域的に同定することなく，対話により得られる局所的な選好情報に基づく意思決定者のいわゆる選好解を導出するという対話型手法が望ましいものと思われる．

1980 年に提案された A.P. Wierzbicki の基準点法は，多目的線形計画問題の各目的関数に対する意思決定者の志望水準を反映させる基準点に，ある意味において近いパレート最適解を受け入れるか，あるいはそうでなければ，対話的に次々と自己の基準点を更新して満足のできるパレート最適解，すなわち満足解が見つかるまで，対話を繰り返すという比較的実際的な手法であり，多目的線形計画問題の目的関数に対して，意思決定者の設定する基準点が達成可能である場合とそうではない場合をともに考慮している．このような考えに基づく対話型意思決定手法は，その後 R.E. Steuer らによっても提案されてきたが，さらに坂和らによりファジィ環境における対話型意思決定手法に一般化されてきている．

さて，多目的線形計画問題

$$\left.\begin{array}{lrcl}\text{minimize} & z_1(\boldsymbol{x}) & = & \boldsymbol{c}_1\boldsymbol{x}\\ \text{minimize} & z_2(\boldsymbol{x}) & = & \boldsymbol{c}_2\boldsymbol{x}\\ & \cdots\cdots & \cdots & \cdots\cdots\\ \text{minimize} & z_k(\boldsymbol{x}) & = & \boldsymbol{c}_k\boldsymbol{x}\\ \text{subject to} & \multicolumn{3}{l}{\boldsymbol{x}\in X=\{\boldsymbol{x}\in R^n \mid A\boldsymbol{x}\leqq\boldsymbol{b},\ \boldsymbol{x}\geqq\boldsymbol{0}\}}\end{array}\right\} \tag{5.13}$$

での複数個の相競合するベクトル値の目的関数 $\boldsymbol{z}(\boldsymbol{x}) = (z_1(\boldsymbol{x}), z_2(\boldsymbol{x}), \ldots, z_k(\boldsymbol{x}))^T$ に対して，意思決定者が主観的に設定する基準点を，それぞれ，$\bar{z}_1, \bar{z}_2, \ldots, \bar{z}_k$ で表そう．このとき，もし，基準点の設定がひかえめすぎて達成可能であれば，その基準点より望ましいパレート最適解を求める一方，もし基準点の設定が達成不可能であれば，基準点にできるだけ近いパレート最適解を求めることが望まれる．このようなパレート最適解は，次のミニマックス問題を解くことにより求められる．

$$\left.\begin{array}{ll}\text{minimize} & \max_{i=1,\ldots,k}\{z_i(\boldsymbol{x})-\bar{z}_i\}\\ \text{subject to} & \boldsymbol{x}\in X\end{array}\right\} \tag{5.14}$$

補助変数 v を導入すれば，この問題は等価的に次のように変換される．

$$\left.\begin{array}{ll}\text{minimize} & v\\ \text{subject to} & z_i(\boldsymbol{x})-\bar{z}_i \leqq v, \quad i=1,\ldots,k\\ & \boldsymbol{x}\in X\end{array}\right\} \tag{5.15}$$

ここで，基準点 $\bar{\boldsymbol{z}}=(\bar{z}_1,\ldots,\bar{z}_k)^T$ は，多目的線形計画問題の各目的関数に対する意思決定者の志望水準を表す基準目的関数値で，この問題を解くことにより，意思決定者が主観的に設定した基準点にミニマックスの意味で近いパレート最適解が得られる．z_1–z_2 平面における 2 目的の場合に対して，このことを幾何学的に考察すれば，図 5.6 に示されているように，意思決定者が主観的に設定した 2 つの基準点 $\bar{\boldsymbol{z}}^1=(\bar{z}_1^1,\bar{z}_2^1)^T$, $\bar{\boldsymbol{z}}^2=(\bar{z}_1^2,\bar{z}_2^2)^T$ に対して，ミニマックス問題を解けば，基準点が達成可能であろうとなかろうと，対応するパレート最適解の集合上の点 $\boldsymbol{z}^1(\boldsymbol{x}^1)$, $\boldsymbol{z}^2(\boldsymbol{x}^2)$ が得られることがわかる．

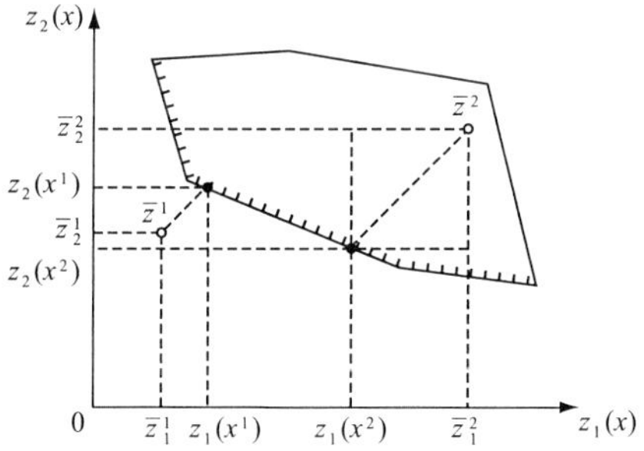

図 **5.6** ミニマックス問題の幾何学的解釈

ミニマックス問題の最適解 $\boldsymbol{x}^*$ と，多目的線形計画問題のパレート最適解との間には次の 2 つの関係が成立する．

ミニマックス問題の一意的な最適解のパレート最適性

$\boldsymbol{x}^*\in X$ が任意の基準点 $\bar{\boldsymbol{z}}$ に対するミニマックス問題の一意的な最適解であれば，$\boldsymbol{x}^*$ は多目的線形計画問題のパレート最適解である．

実際，ミニマックス問題の一意的な最適解 $\boldsymbol{x}^*$ が多目的線形計画問題のパレート最適解ではないと仮定すれば，ある j に対して $z_j(\boldsymbol{x}) < z_j(\boldsymbol{x}^*)$ かつ $z_i(\boldsymbol{x}) \leqq z_i(\boldsymbol{x}^*)$, $i = 1,\ldots,k$; $i \neq j$ となる $\boldsymbol{x} \in X$ が存在するので $\max_{i=1,\ldots,k}\{z_i(\boldsymbol{x}) - \bar{z}_i\} \leqq \max_{i=1,\ldots,k}\{z_i(\boldsymbol{x}^*) - \bar{z}_i\}$ が成立する．このことは $\boldsymbol{x}^*$ がミニマックス問題の一意的な最適解であることに矛盾するので，この関係が成立することがわかる．このような考察から，解の一意性の保証がなければ，弱パレート最適性の保証しかされないことがわかる．

パレート最適解のミニマックス問題の最適性

> $\boldsymbol{x}^*$ が多目的線形計画問題のパレート最適解であれば，$\boldsymbol{x}^*$ はある基準点 $\bar{\boldsymbol{z}}$ に対するミニマックス問題の最適解である．

実際，多目的線形計画問題のパレート最適解 $\boldsymbol{x}^* \in X$ に対して，$z_i(\boldsymbol{x}^*) - \bar{z}_i = v^*$, $i = 1,\ldots,k$ であるような基準点 $\bar{\boldsymbol{z}} = (\bar{z}_1,\ldots,\bar{z}_k)^T$ を選び，$\boldsymbol{x}^*$ がこの基準点に対するミニマックス問題の最適解ではないと仮定すると $\max_{i=1,\ldots,k}\{z_i(\boldsymbol{x}) - \bar{z}_i\} < \max_{i=1,\ldots,k}\{z_i(\boldsymbol{x}^*) - \bar{z}_i\}$ となる $\boldsymbol{x} \in X$ が存在する．ここで $z_i(\boldsymbol{x}^*) - \bar{z}_i = v^*$, $i = 1,\ldots,k$ であることを考慮すれば $z_i(\boldsymbol{x}) - \bar{z}_i < z_i(\boldsymbol{x}^*) - \bar{z}_i = v^*$, $i = 1,\ldots,k$ となる $\boldsymbol{x} \in X$ が存在することになる．このことは $z_i(\boldsymbol{x}) < z_i(\boldsymbol{x}^*)$, $i = 1,\ldots,k$ となる $\boldsymbol{x} \in X$ が存在することを意味し，$\boldsymbol{x}^*$ がパレート最適解であることに矛盾するので，この関係が導かれる．

このような考察から，ミニマックス問題の最適解 $\boldsymbol{x}^*$ の一意性が保証されなければ，$\boldsymbol{x}^*$ の弱パレート最適性しか保証されないので，$\boldsymbol{x}^*$ がパレート最適解であるかどうかをテストする必要がある．$\boldsymbol{x}^*$ のパレート最適性のテストは，前節でも述べたように，線形計画問題

$$\left.\begin{array}{ll}\text{maximize} & \sum_{i=1}^{k} \varepsilon_i \\ \text{subject to} & z_i(\boldsymbol{x}) + \varepsilon_i = z_i(\boldsymbol{x}^*), \quad i = 1,\ldots,k \\ & \boldsymbol{x} \in X,\ \boldsymbol{\varepsilon} = (\varepsilon_1,\ldots,\varepsilon_k) \geqq \boldsymbol{0}\end{array}\right\} \tag{5.16}$$

を解くことにより実施できることがわかる．この $\boldsymbol{x}, \boldsymbol{\varepsilon}$ を変数とする通常の線形計画問題の最適解 $\bar{\boldsymbol{x}}, \bar{\boldsymbol{\varepsilon}}$ に対して，前節と同様に，次の関係が成立する．

パレート最適性のテスト

> (1) $\bar{\boldsymbol{\varepsilon}} = \boldsymbol{0}$ であれば，$\boldsymbol{x}^*$ は多目的線形計画問題のパレート最適解である．
> (2) $\bar{\boldsymbol{\varepsilon}} \geqq \boldsymbol{0}, \bar{\boldsymbol{\varepsilon}} \neq \boldsymbol{0}$ のときは，$\boldsymbol{x}^*$ はパレート最適解ではないが，$\bar{\boldsymbol{x}}$ が多目的

線形計画問題のパレート最適解となる．

さて，意思決定者が現在のパレート最適解に満足するか，あるいは，意思決定者の基準値を更新するかの判断のための情報として，現在の解における目的関数間のトレード・オフ比が有効であると考えられる．このトレード・オフ比は，ミニマックス問題の目的関数に関する制約式 $z_i(\boldsymbol{x}) - \bar{z}_i \leqq v$ のシンプレックス乗数を π_i とすると，$\pi_i > 0,\ i = 1, \ldots, k$ であれば，次式で与えられることが示される．

$$-\frac{\partial z_1(x)}{\partial z_i(x)} = \frac{\pi_1}{\pi_i} \tag{5.17}$$

このことは幾何学的に，次のように確かめることができる．$(z_i, \ldots, z_k, v)$ 空間において パレート曲面上のある点における接平面の方程式は，一般に

$$H(z_1, \ldots, z_k, v) = a_1 z_1 + \cdots + a_k z_k + bv = c$$

で与えられる．このとき，この点からの微小変位がこの接平面に含まれるための条件は $\Delta H = 0$，すなわち

$$a_1 \Delta z_1 + \cdots + a_k \Delta z_k + b \Delta v = 0$$

を満たすことである．ここで, z_1 と z_i 以外を固定して, $\Delta z_j = 0,\ j = 2, \ldots, k, j \neq i$, $\Delta v = 0$ とおけば

$$a_1 \Delta z_1 + a_i \Delta z_i = 0$$

同様に，z_j と v 以外を固定して $\Delta z_i = 0,\ i = 1, \ldots, k; i \neq j$ とおけば

$$a_j \Delta z_j + b \Delta v = 0$$

これらの関係式より

$$-\frac{\Delta z_i}{\Delta z_1} = \frac{a_1}{a_i} = \frac{-a_1/b}{-a_i/b} = \frac{\Delta v/\Delta z_1}{\Delta v/\Delta z_i}$$

したがって

$$-\frac{\partial z_i}{\partial z_1} = \frac{\partial v/\partial z_1}{\partial v/\partial z_i}$$

ここで，ミニマックス問題の目的関数に関する制約式に対するシンプレックス乗数 π_i を利用すれば，$\partial v/\partial z_i = \pi_i$ であるから, トレード・オフ比の関係式が成立することがわかる．

ところで，(5.17) からもわかるように，トレード・オフ比を得るためには，ミニマックス問題の目的関数に関する制約式がすべて等式として成立していること，すなわち，活性となることが必要である．したがって，もし不活性な制約式が存

在すれば，基準点 $\bar{z}_i$ を現在の パレート最適解に対する目的関数値 $z_i(\boldsymbol{x})$ に置き換えて，ミニマックス問題を解き，対応するシンプレックス乗数を求める必要がある．

対話型多目的線形計画法では，意思決定者は設定した基準点に対して得られた自己の要求に，ミニマックスの意味で近いパレート最適解の目的関数の達成レベルに，もし満足できなければ，満足のできるパレート最適解が得られるまで，対話的に次々と基準点を更新することになる．このようなパレート最適性の保証された意思決定者の満足解を求めるための対話型アルゴリズムは，次のように構成することができる．

対話型多目的線形計画法のアルゴリズム

手順 0　与えられた制約条件のもとで，各目的関数の個別の最小値 $z_i^{\min} = \min_{\boldsymbol{x} \in X} z_i(\boldsymbol{x})$ と最大値 $z_i^{\max} = \max_{\boldsymbol{x} \in X} z_i(\boldsymbol{x})$ を求める．

手順 1　各目的関数の最小値と最大値を考慮して，意思決定者が主観的に初期の基準点を設定する（もし設定が困難であれば，理想点 $z_i^{\min} = \min_{\boldsymbol{x} \in X} z_i(\boldsymbol{x})$ を用いればよい）．

手順 2　意思決定者の設定した基準点に対して，ミニマックス問題を解き，対応するパレート最適解と目的関数間のトレード・オフ比を求める．

手順 3　現在のパレート最適解の目的関数の達成レベルに満足ならば終了．そうでなければ現在の目的関数の達成レベルと目的関数間のトレード・オフ比を考慮して，基準点を更新して手順 2 へもどる．

ここで意思決定者は，ある目的関数を改善するためには，他のいずれかの目的関数を犠牲にせざるを得ないということに注意しよう．

例 5.5　（環境汚染を考慮した生産計画の問題に対する対話型多目的線形計画法）

数値例として，環境汚染を考慮した生産計画の問題 (5.1)，すなわち

$$
\begin{array}{ll}
\text{minimize} & z_1 = -3x_1 - 8x_2 \\
\text{minimize} & z_2 = \quad 5x_1 + 4x_2 \\
\text{subject to} & 2x_1 + 6x_2 \leqq 27 \\
& 3x_1 + 2x_2 \leqq 16 \\
& 4x_1 + x_2 \leqq 18 \\
& \quad x_1 \geqq 0, \quad x_2 \geqq 0
\end{array}
$$

に，対話型多目的線形計画法のアルゴリズムを適用してみよう．まず，各目的関

数の個別の最小値と最大値は，図 5.1 より明らかに

$$z_1^{\min} = -37, \quad z_1^{\max} = 0, \quad z_2^{\min} = 0, \quad z_2^{\max} = 29$$

となる．これらの値を考慮して意思決定者が主観的に基準点を

$$\bar{z}_1 = -37, \quad \bar{z}_2 = 8$$

と設定したものとする．このとき，対応するミニマックス問題を解けば，図 5.1 からもわかるように，パレート最適解

$$z_1 = -30, \quad z_2 = 15 \quad (x_1 = 0, x_2 = 3.75)$$

が得られる．これらの情報を考慮して，意思決定者は環境汚染をもう少し犠牲にしても利潤をもう少し上げたいと判断して，基準点を

$$\bar{z}_1 = \quad 37, \quad \bar{z}_2 = 20$$

に変更したものとする．このとき，対応するミニマックス問題を解けば，図 5.1 からもわかるように，パレート最適解

$$z_1 = -36.25, \quad z_2 = 20.75 \quad (x_1 = 0.75, x_2 = 4.25)$$

が得られる．ここで，もし意思決定者がこれらの利潤と環境汚染の排出量に満足すれば，このパレート最適解が満足解となり，アルゴリズムは終了する． ■

章　末　問　題

5.1　次の 2 目的線形計画問題のすべてのパレート最適解を x_1–x_2 平面および z_1–z_2 平面で図式的に求めてみよ．

$$\begin{array}{ll}
\text{minimize} & z_1 = -x_1 - 3x_2 \\
\text{minimize} & z_2 = -x_1 - x_2 \\
\text{subject to} & x_1 + 8x_2 \leqq 112 \\
 & x_1 + 2x_2 \leqq 34 \\
 & 9x_1 + 2x_2 \leqq 162 \\
 & \quad x_1 \geqq 0,\ x_2 \geqq 0
\end{array}$$

次に，この問題の目的関数が $z_1 = -x_1 - 8x_2$, $z_2 = -x_1 - x_2$ に変更されたときは，弱パレート最適解が存在し，$z_1 = -2x_1 - 3x_2$, $z_2 = -x_1 - x_2$ に変更されたときは，完全最適解が存在することを確かめてみよ．

5.2　重み係数法では，$\boldsymbol{x}^* \in X$ がある $\boldsymbol{w} > \boldsymbol{0}$ に対する多目的線形計画問題の最適解であれば，$\boldsymbol{x}^*$ は多目的線形計画問題のパレート最適解であることを証明せよ．

5.3　重み係数法では，$\boldsymbol{x}^* \in X$ が多目的線形計画問題のパレート最適解であれば，$\boldsymbol{x}^*$ は $\boldsymbol{w} = (w_1, \ldots, w_k) \geqq \boldsymbol{0}$, $\boldsymbol{w} \neq \boldsymbol{0}$ に対する重み係数問題の最適解であることを次のようにして証明せよ．

(1) $\boldsymbol{x}^*$ が次の線形計画問題の最適解であることを示せ．ここで，$\mathbf{1}$ は 1 を要素とする k 次元の列ベクトルである．

$$\begin{array}{ll} \text{minimize} & \mathbf{1}^T C\boldsymbol{x} \\ \text{subject to} & C\boldsymbol{x} \leqq C\boldsymbol{x}^* \\ & A\boldsymbol{x} \leqq \boldsymbol{b}, \quad \boldsymbol{x} \geqq \mathbf{0} \end{array}$$

(2) この線形計画問題の双対問題を定式化して，$\boldsymbol{w} = \mathbf{1}^T + \boldsymbol{y}_2^{*T}$ とおけば，次の関係が成立することを示せ．

$$\sum_{i=1}^{k} w_i \boldsymbol{c}_i \boldsymbol{x} = \boldsymbol{w}^T C\boldsymbol{x} = (\mathbf{1} + \boldsymbol{y}_2^*)^T C\boldsymbol{x}, \quad \forall \boldsymbol{x} \in X$$

(3) 次の線形計画問題の双対問題を定式化して，$\boldsymbol{x}^*$ は $\boldsymbol{w} = \mathbf{1}^T + \boldsymbol{y}_2^{*T}$ に対する重み係数問題の最適解であることを示せ．

$$\begin{array}{ll} \text{minimize} & (\mathbf{1} + \boldsymbol{y}_2^*)^T C\boldsymbol{x} \\ \text{subject to} & A\boldsymbol{x} \leqq \boldsymbol{b}, \quad \boldsymbol{x} \geqq \mathbf{0} \end{array}$$

5.4 次の 2 目的線形計画問題のすべてのパレート最適解を x_1–x_2 平面および z_1–z_2 平面で図式的に求めてみよ．

$$\begin{array}{ll} \text{minimize} & z_1 = -2x_1 - 5x_2 \\ \text{minimize} & z_2 = 3x_1 + 2x_2 \\ \text{subject to} & 2x_1 + 6x_2 \leqq 27 \\ & 8x_1 + 6x_2 \leqq 45 \\ & 3x_1 + x_2 \leqq 15 \\ & \quad x_1 \geqq 0, \ x_2 \geqq 0 \end{array}$$

5.5 前問の 2 目的線形画問題に対して

(1) $w_1 = 0.5$, $w_2 = 0.5$ のときの重み係数問題に対するパレート最適解を求めよ．

(2) $\varepsilon_2 = 8$ のときの制約問題に対するパレート最適解を求めよ．

(3) $\hat{z}_1 = z_1 - (-23.5)$ とし，$w_1 = 0.5$, $w_2 = 0.5$ のときの重み付けミニマックス問題に対するパレート最適解を求めよ．

5.6 例 5.2〜5.4 を Excel ソルバーで解いて，パレート最適解を確認せよ．

5.7 問題 5.3 の 2 目的線形計画問題に対話型多目的線形計画法のアルゴリズムを適用してみよ．

6 ファジィ線形計画法

本章では，R.E. Bellman と L.A. Zadeh のファジィ目標と，ファジィ制約を考慮したファジィ環境における意思決定について述べた後，H.-J. Zimmermann のファジィ目標と，ファジィ制約を考慮した線形計画法やファジィ目標を考慮した多目的線形計画法をわかりやすく解説する．さらに，多目的線形計画問題の各目的関数に対する意思決定者のファジィ目標をメンバシップ関数で規定した後，意思決定者の設定する基準メンバシップ値を対話的に更新することにより，意思決定者の満足解を導出するという対話型ファジィ多目的線形計画法を紹介する．

6.1 ファジィ集合とファジィ決定

人間の判断の主観的側面におけるあいまいさを定量的に解析するために，1965 年に Zadeh によって提案されたファジィ集合は，メンバシップ関数により，次のように定義されている．

ファジィ集合

> 全体集合 X におけるファジィ部分集合 $\tilde{A}$ は
>
> $$\mu_{\tilde{A}} : X \to [0, 1]$$
>
> なるメンバシップ関数 $\mu_{\tilde{A}}(x)$ によって特性づけられた集合であり，メンバシップ関数 $\mu_{\tilde{A}}(x)$ は $\tilde{A}$ における x の帰属度を表す．

ここで，$\mu_{\tilde{A}}(x)$ の値が 1 に近ければ x の $\tilde{A}$ に属する度合が大きく，反対に 0 に近ければ x の $\tilde{A}$ に属する度合が小さいことを示している．また，メンバシップ関数 $\mu_{\tilde{A}}(x)$ が 0 か 1 かのいずれかの値しかとらない場合は，$\tilde{A}$ はファジィ集合ではなく，通常の集合 A となり，$\mu_{\tilde{A}}(x)$ は通常の集合の特性関数 $c_A : X \to \{0, 1\}$ に相当する．このように，メンバシップ関数は特性関数の一般化であり，ファジィ集合は通常の集合の一般化であることがわかる．また定義からわかるように，ファジィ集合はつねにある全体集合 X の部分集合として定義されるので，通常は部分を省略して単にファジィ集合とよばれている．ファジィ集合は非ファジィ集合と区別するため，しばしば $\tilde{A}$ のように表されるが，前後関係からわかる場合は，単に A と表すことにする．

ファジィ集合の基本演算は，メンバシップ関数により，次のように定義される．

ファジィ集合の基本演算（相等・部分集合）

(1) 相等：2 つのファジィ集合 A と B が等しいことを $A = B$ と書き，次のように定義する．

$$A = B \Leftrightarrow \mu_A(x) = \mu_B(x), \quad \forall x \in X$$

(2) 部分集合：2 つのファジィ集合 A, B に対して，A が B の部分集合であることを $A \subseteqq B$ と書き，次のように定義する．

$$A \subseteqq B \Leftrightarrow \mu_A(x) \leqq \mu_B(x), \quad \forall x \in X$$

ファジィ集合の包含関係の定義より，2 つのファジィ集合 A と B が等しいことは $A \subseteqq B$ かつ $A \supseteqq B$ と等価であることがわかる．

ファジィ集合の基本演算（共通集合・和集合・補集合）

(3) 共通集合：2 つのファジィ集合 A, B の共通集合あるいは交わりを $A \cap B$ と書き，次のように定義する．

$$A \cap B \Leftrightarrow \mu_{A \cap B}(x) = \min(\mu_A(x), \mu_B(x))$$

(4) 和集合：2 つのファジィ集合 A, B の和集合あるいは結びを $A \cup B$ と書き，次のように定義する．

$$A \cup B \Leftrightarrow \mu_{A \cup B}(x) = \max(\mu_A(x), \mu_B(x))$$

(5) 補集合：ファジィ集合 A の補集合を $\bar{A}$ と書き，次のように定義する．

$$\bar{A} \Leftrightarrow \mu_{\bar{A}}(x) = 1 - \mu_A(x)$$

1970 年に，Bellman と Zadeh は，ファジィ環境における意思決定として，代替案の集合 X 上にファジィ目標とファジィ制約が与えられたときの意思決定に関して，次のようなアプローチを試みた．ここでいう，代替案とは，決定にあたっ

てとりうる手段や行動のことであり，ファジィ目標 G とファジィ制約 C は，それぞれのメンバシップ関数

$$\mu_G : X \to [0,1]$$
$$\mu_C : X \to [0,1]$$

により特性づけられる代替案の集合 X 上のファジィ集合である．

このとき，ファジィ目標とファジィ制約を統合した決定集合をどのように定義すればよいのかという問題が生じる．Bellman と Zadeh はファジィ目標 G とファジィ制約 C を同時に満たすことを考慮して，ファジィ決定 D は，ファジィ目標 G とファジィ制約 C との**共通集合**，すなわち

$$D = G \cap C$$
$$\mu_D(\boldsymbol{x}) = \min(\mu_G(\boldsymbol{x}), \mu_C(\boldsymbol{x}))$$

と定義した．

さらにより一般的な k 個のファジィ目標 $G_1, \ldots, G_k$ と m 個のファジィ制約 $C_1, \ldots, C_m$ が存在する場合のファジィ決定 D は，これらの共通集合として

$$D = G_1 \cap \cdots \cap G_k \cap C_1 \cap \cdots \cap C_m$$
$$\mu_D(\boldsymbol{x}) = \min(\mu_{G_1}(\boldsymbol{x}), \ldots, \mu_{G_k}(\boldsymbol{x}), \mu_{C_1}(\boldsymbol{x}), \ldots, \mu_{C_m}(\boldsymbol{x}))$$

と定義される．このことは，ファジィ環境では，目標と制約の間には本質的な差がなくなっていることを意味している．

ファジィ決定 D における意思決定としては，D に帰属する度合を最大にするような $\boldsymbol{x}$ を選ぶという**最大化決定**が，Bellman と Zadeh により提案されている．最大化決定とは，ファジィ決定 D のメンバシップ関数 $\mu_D(\boldsymbol{x})$ の値を最大化するような $\boldsymbol{x}$ を選ぶことであり

$$\mu_D(\boldsymbol{x}^*) = \max_{\boldsymbol{x} \in X} \mu_D(\boldsymbol{x}) = \max_{\boldsymbol{x} \in X} \{\min(\mu_G(\boldsymbol{x}), \mu_C(\boldsymbol{x}))\}$$

となるような $\boldsymbol{x}^*$ を求めるものである．ここで，このような $\boldsymbol{x}^*$ は存在しない場合もあれば，無数に存在する場合もあることに注意しよう．

一般に k 個のファジィ目標 $G_1, \ldots, G_k$ と m 個のファジィ制約 $C_1, \ldots, C_m$ を考える場合は

$$\mu_D(\boldsymbol{x}^*) = \max_{\boldsymbol{x} \in X} \{\min(\mu_{G_1}(\boldsymbol{x}), \ldots, \mu_{G_k}(\boldsymbol{x}), \mu_{C_1}(\boldsymbol{x}), \ldots, \mu_{C_m}(\boldsymbol{x}))\}$$

となる $\boldsymbol{x}^*$ を選ぶという決定がファジィ決定 D に対する最大化決定である．

このようなファジィ決定と最大化決定を図示すると，図 6.1 のようになる．

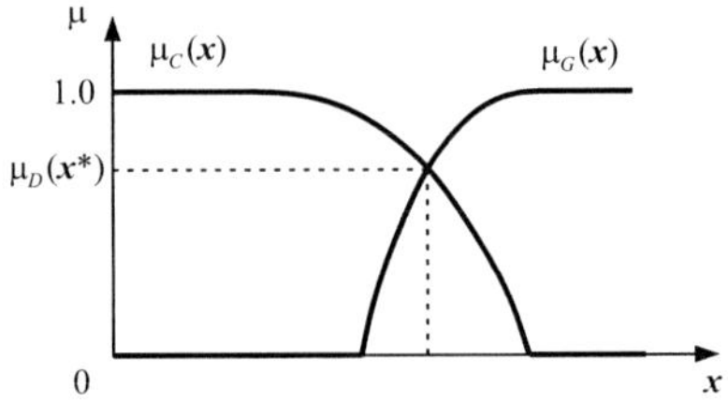

図 **6.1** ファジィ決定と最大化決定

6.2 ファジィ目標と制約を考慮した線形計画法

線形の目的関数

$$z = c_1x_1 + c_2x_2 + \cdots + c_nx_n \tag{6.1}$$

を，線形の不等式制約条件

$$\left.\begin{array}{l} a_{11}x_1 + a_{12}x_2 \ + \cdots + a_{1n}x_n \leqq b_1 \\ a_{21}x_1 + a_{22}x_2 \ + \cdots + a_{2n}x_n \leqq b_2 \\ \quad \cdots\cdots\cdots\cdots\cdots\cdots \\ a_{m1}x_1 + a_{m2}x_2 + \cdots + a_{mn}x_n \leqq b_m \end{array}\right\} \tag{6.2}$$

と, すべての変数に対する非負条件

$$x_j \geqq 0, \quad j = 1, 2, \ldots, n \tag{6.3}$$

のもとで最小化するという線形計画問題を考えてみよう．ここで，a_{ij}, b_i および c_j は，もちろん与えられた定数である．

この問題は，n 次元行ベクトル $\boldsymbol{c} = (c_1, c_2, \ldots, c_n)$，$n$ 次元列ベクトル $\boldsymbol{x} = (x_1, x_2, \ldots, x_n)^T$，$m$ 次元列ベクトル $\boldsymbol{b} = (b_1, b_2, \ldots, b_m)^T$，$m \times n$ 行列 $A = [a_{ij}]$ を用いて，行列形式で

$$\left.\begin{array}{ll} \text{minimize} & z = \boldsymbol{cx} \\ \text{subject to} & A\boldsymbol{x} \leqq \boldsymbol{b} \\ & \boldsymbol{x} \geqq \boldsymbol{0} \end{array}\right\} \tag{6.4}$$

と簡潔に表される．

このような従来の線形計画問題に対して，1976 年に，Zimmermann は，次のようなファジィ目標とファジィ制約をもつ問題を導入した．

$$\left.\begin{aligned} \boldsymbol{cx} &\preceq z_0 \\ A\boldsymbol{x} &\preceq \boldsymbol{b} \\ \boldsymbol{x} &\geqq \boldsymbol{0} \end{aligned}\right\} \tag{6.5}$$

ここで「$x \preceq \alpha$」は,「x はだいたい α 以下」ということを意味している.

この問題には「目的 $\boldsymbol{cx}$ をだいたい z_0 以下にしたい」というファジィ目標と,「制約 $A\boldsymbol{x}$ をだいたい $\boldsymbol{b}$ 以下にしたい」というファジィ制約が与えられている.ファジィ目標とファジィ制約は,決定に対して同じ役割を果たすと考えて,彼は,目標と制約をまとめて問題 (6.5) を次のように表した.

$$\left.\begin{aligned} B\boldsymbol{x} &\preceq \boldsymbol{b}' \\ \boldsymbol{x} &\geqq \boldsymbol{0} \end{aligned}\right\}, \quad B = \begin{bmatrix} \boldsymbol{c} \\ A \end{bmatrix}, \quad \boldsymbol{b}' = \begin{bmatrix} z_0 \\ \boldsymbol{b} \end{bmatrix} \tag{6.6}$$

Zimmermann は,さらに,ファジィ不等式 $B\boldsymbol{x} \preceq \boldsymbol{b}'$ の i 番目の不等式 $(B\boldsymbol{x})_i \preceq b'_i$, $i = 0, 1, \ldots, m$ に対して,次のような線形メンバシップ関数を用いて,意思決定者のあいまい性を表した.

$$\mu_i((B\boldsymbol{x})_i) = \begin{cases} 1 & ; \ (B\boldsymbol{x})_i \leqq b'_i \\ 1 - \dfrac{(B\boldsymbol{x})_i - b'_i}{d_i} & ; \ b'_i \leqq (B\boldsymbol{x})_i \leqq b'_i + d_i \\ 0 & ; \ (B\boldsymbol{x})_i \geqq b'_i + d_i \end{cases} \tag{6.7}$$

すなわち,メンバシップ関数として,i 番目の制約が完全に満たされる場合は 1,幅 d_i 以上に満たされない場合は 0,その中間の場合は 0 と 1 の間の数をとるような線形関数を導入した.もちろん d_i の値は,意思決定者が主観的に設定するものである.このようなメンバシップ関数を図示すると図 6.2 のようになる.

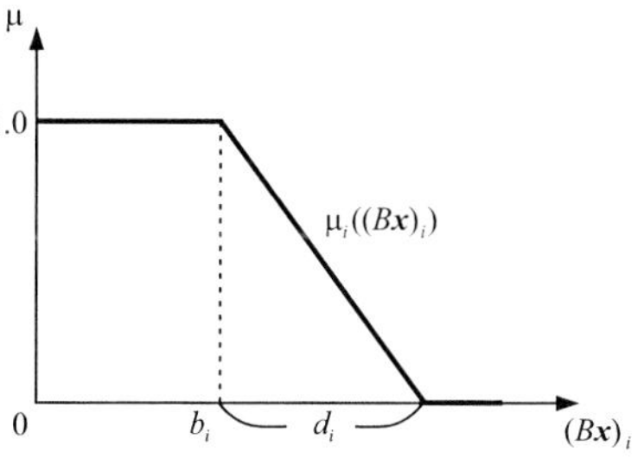

図 **6.2**　線形メンバシップ関数

このとき,Bellman と Zadeh のファジィ決定に対する最大化決定を採用すれば,ファジィ目標とファジィ制約を考慮した線形計画問題は

$$\mu_D(\boldsymbol{x}^*) = \max_{\boldsymbol{x} \geqq \boldsymbol{0}} \min_{0 \leqq i \leqq m} \{\mu_i((B\boldsymbol{x})_i)\} \tag{6.8}$$

を満たす $\boldsymbol{x}^*$ を求める問題になる．すなわち最小のメンバシップ関数値を最大にするような $\boldsymbol{x}^* \geqq \boldsymbol{0}$ を求める問題である．

ここで $b_i'' = b_i'/d_i$, $(B'\boldsymbol{x})_i = (B\boldsymbol{x})_i/d_i$ とおけば，問題 (6.8) は

$$\mu_D(\boldsymbol{x}^*) = \max_{\boldsymbol{x} \geqq \boldsymbol{0}} \min_{0 \leqq i \leqq m} \{1 + b_i'' - (B'\boldsymbol{x})_i\} \tag{6.9}$$

となるので，補助変数 λ を導入すれば，この問題は結局，次式で与えられる通常の線形計画問題に変換することができる．

$$\left.\begin{array}{ll} \text{maximize} & \lambda \\ \text{subject to} & \lambda \leqq 1 + b_i'' - (B'\boldsymbol{x})_i, \quad i = 0, 1, \ldots, m \\ & \boldsymbol{x} \geqq \boldsymbol{0} \end{array}\right\} \tag{6.10}$$

Zimmermann は Bellman と Zadeh のファジィ決定は $\min_{0 \leqq i \leqq m}\{\mu_i((B\boldsymbol{x})_i)\}$ と表されるので，ファジィ決定のことを最小オペレータとよんでいる．

例 6.1 （ファジィ目標と制約を考慮した生産計画の問題）

例 1.1 の生産計画の問題の最適解は $x_1 = 3$, $x_2 = 3.5$, $\min z = -37$ であった．これに対して，経営者は，制約条件の右辺に明確な数値を与える代わりに，もう少しゆとりをもたせたいとして，表 6.1 のような $\mu = 0$ から $\mu = 1$ までの直線で与えられる線形のメンバシップ関数で規定されるファジィ目標とファジィ制約を与えたと仮定しよう．

表 **6.1**　通常の制約とファジィ制約

	非ファジィ	ファジィ	
		$\mu = 0$	$\mu = 1$
目的関数	-37	-36.5	-38.5
第 1 番目の制約	27	30	27
第 2 番目の制約	16	18	16
第 3 番目の制約	18	20	18

このようなファジィ目標とファジィ制約を考慮した線形計画問題を，問題 (6.10) の形式の通常の線形計画問題に変換すれば

$$\begin{array}{ll}\text{maximize} & \lambda \\ \text{subject to} & \frac{2}{3}x_1 + 2x_2 + \lambda \leqq 10 \\ & 1.5x_1 + x_2 + \lambda \leqq 9 \\ & 2x_1 + 0.5x_2 + \lambda \leqq 10 \\ & 1.5x_1 + 4x_2 - \lambda \geqq 18.25 \\ & x_1 \geqq 0,\ x_2 \geqq 0 \end{array}$$

となるので，線形計画法で解けば，最適解

$$x_1 = 3.1047, \quad x_2 = 3.5872, \qquad \lambda = 0.7558$$

が得られる．

表 6.2 に非ファジィ線形計画問題の最適解とファジィ線形計画問題の最適解が対比して示されている

表 6.2 非ファジィ線形計画問題とファジィ線形計画問題の最適解

非ファジィ問題の解			ファジィ問題の解		
x_1	=	3	x_1	=	3.1047
x_2	=	3.5	x_2	=	3.5872
z	=	−37	z	=	−38.0116
制約式の値			制約式の値		
1	:	27	1	:	27.73
2	:	16	2	:	16.49
3	:	15.5	3	:	16.01

ファジィ目標とファジィ制約を考慮した線形計画問題では，たとえば第 1 番目の制約条件を「だいたい 27 以下」とし，$\mu_1(30) = 0$, $\mu_1(27) = 1$ というように，制約条件に幅 3 のゆとりをもたせている．また，目的関数の最小化の代わりに，「だいたい -38.5 ぐらいから -36.5 ぐらい」という許容範囲を満足度基準として仮定している．このように，ファジィ線形計画問題はファジィ情報から構成できるので，事前に多くの費用や時間をかけて線形計画問題の制約式の右辺定数などを明確に規定する必要はない．しかも本例の場合，利用可能な原料の制約式にゆとりをもたせているので，ファジィ線形計画問題の総利潤は非ファジィ線形計画問題より約 2.7% ほど多くなっている． ■

6.3 ファジィ多目的線形計画法

1978 年に，Zimmermann は，k 個の線形の目的関数 $z_i(\boldsymbol{x}) = \boldsymbol{c}_i\boldsymbol{x}$, $i = 1, 2, \ldots, k$ の存在する多目的線形計画問題

$$\left.\begin{array}{ll}\text{minimize} & \boldsymbol{z}(\boldsymbol{x}) = (z_1(\boldsymbol{x}), z_2(\boldsymbol{x}), \ldots, z_k(\boldsymbol{x}))^T \\ \text{subject to} & A\boldsymbol{x} \leqq \boldsymbol{b}, \quad \boldsymbol{x} \geqq \boldsymbol{0}\end{array}\right\} \tag{6.11}$$

に対して，意思決定者のファジィ目標の考えを導入した．ここで $\boldsymbol{c}_i = (c_{i1}, c_{i2}, \ldots, c_{in})$, $i = 1, \ldots, k$, $\boldsymbol{x} = (x_1, x_2, \ldots, x_n)^T$, $\boldsymbol{b} = (b_1, b_2, \ldots, b_m)^T$ で，A は $m \times n$ の行列である．

彼は，この問題の各目的関数 $z_i(\boldsymbol{x})$ に対する意思決定者の「だいたいある値以下にしたい」というファジィ目標を特性づけるメンバシップ関数として，満足度が 0 と 1 になるような目的関数の値 z_i^0 と z_i^1 に対応する 2 点を線分で結んだ，次のような線形メンバシップ関数 $\mu_i^L(z_i(\boldsymbol{x}))$ を導入した．

$$\mu_i^L(z_i(\boldsymbol{x})) = \begin{cases} 0 & ; \ z_i(\boldsymbol{x}) \geqq z_i^0 \\ \dfrac{z_i(\boldsymbol{x}) - z_i^0}{z_i^1 - z_i^0} & ; \ z_i^0 \geqq z_i(\boldsymbol{x}) \geqq z_i^1 \\ 1 & ; \ z_i(\boldsymbol{x}) \leqq z_i^1 \end{cases} \tag{6.12}$$

このような線形メンバシップ関数の例が図 6.3 に示されている．

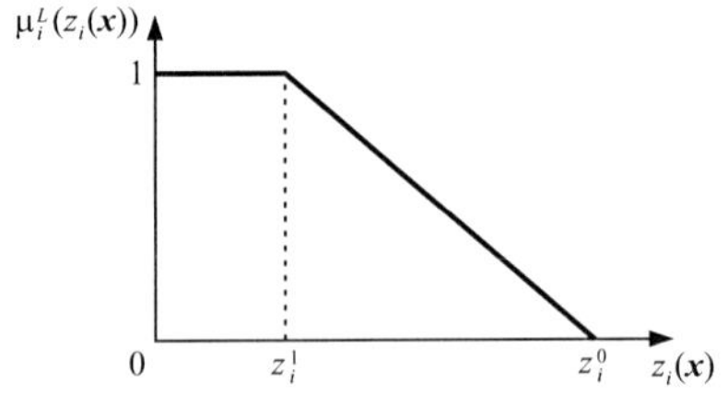

図 **6.3** 線形メンバシップ関数

このような線形メンバシップ関数 $\mu_i^L(z_i(\boldsymbol{x}))$ と Bellman と Zadeh のファジィ決定を採用すれば，多目的線形計画問題は

$$\left.\begin{array}{ll}\text{maximize} & \min_{i=1,\ldots,k} \{\mu_i^L(z_i(\boldsymbol{x}))\} \\ \text{subject to} & A\boldsymbol{x} \leqq \boldsymbol{b}, \ \boldsymbol{x} \geqq \boldsymbol{0}\end{array}\right\} \tag{6.13}$$

と表されるので，補助変数 λ を導入すれば，次のような通常の線形計画問題に帰着される．

$$\left.\begin{array}{ll}\text{maximize} & \lambda \\ \text{subject to} & \lambda \leqq \mu_i^L(z_i(\boldsymbol{x})), \quad i = 1, 2, \ldots, k \\ & A\boldsymbol{x} \leqq \boldsymbol{b}, \ \boldsymbol{x} \geqq \boldsymbol{0}\end{array}\right\} \tag{6.14}$$

Zimmermann は，線形メンバシップ関数 $\mu_i^L(z_i(\boldsymbol{x}))$ の決定方法として，与えられた制約条件のもとでの各目的関数の個別の最小化問題

$$\min_{\boldsymbol{x}\in X} z_i(\boldsymbol{x}), \quad i=1,\ldots,k \tag{6.15}$$

の最適解 $\boldsymbol{x}^{io}$ と，そのときの各目的関数の個別の最小値

$$z_i^{\min}=z_i(\boldsymbol{x}^{io}), \quad i=1,\ldots,k \tag{6.16}$$

および

$$z_i^{\mathrm{m}}=\max(z_i(\boldsymbol{x}^{1o}),\ldots,z_i(\boldsymbol{x}^{i-1,o}),z_i(\boldsymbol{x}^{i+1,o}),\ldots,z_i(\boldsymbol{x}^{ko})), \quad i=1,\ldots,k \tag{6.17}$$

を用いて，(6.12) の線形メンバシップ関数において，$z_i^1=z_i^{\min}$, $z_i^0=z_i^{\mathrm{m}}$ と設定することを提案している．このとき，このような線形メンバシップ関数に対して，問題 (6.13) あるいは (6.14) の最適解が一意的であれば，パレート最適解になることは容易に示される．もちろん，ファジィ目標のみならず，ファジィ制約が存在する場合にも，その制約に対するメンバシップ関数を線形の関数で与えれば，同様に処理できることは明らかである．

例 6.2　(環境汚染を考慮した生産計画の問題)

ファジィ多目的線形計画法の数値例として，例 1.3 の環境汚染を考慮した生産計画の問題

$$\begin{array}{ll}
\text{minimize} & z_1=-3x_1-8x_2 \\
\text{minimize} & z_2=5x_1+4x_2 \\
\text{subject to} & 2x_1+6x_2 \leqq 27 \\
& 3x_1+2x_2 \leqq 16 \\
& 4x_1+x_2 \leqq 18 \\
& \quad x_1 \geqq 0, \quad x_2 \geqq 0
\end{array}$$

について考察してみよう．

この数値例の負の利潤 (z_1) と汚染物の排出量 (z_2) の最小化という 2 つの目的関数の個別の最小値と最大値

$$z_1^{\min}=-37, \quad z_1^{\max}=0, \quad z_2^{\min}=0, \quad z_2^{\max}=29$$

を考慮して意思決定者が主観的に，各々のメンバシップ関数 $\mu_i(z_i)$, $i=1,2$, を

$$\begin{cases}
z_1 \text{ に対するファジィ目標：} & \mu_1(-35)=0, \quad \mu_1(-37)=1 \\
z_2 \text{ に対するファジィ目標：} & \mu_2(24)=0, \quad\ \ \mu_2(20)=1
\end{cases}$$

となるような $\mu_i = 0$ から $\mu_i = 1,\ i = 1, 2,$ までの直線で与えられる線形のメンバシップ関数として設定したものとしよう．すなわち，意思決定者のファジィ目標が，それぞれ，次のような線形メンバシップ関数で与えられるものとする．

$$\mu_1^L(z_1(\boldsymbol{x})) = \begin{cases} 0 & ;\quad z_1(\boldsymbol{x}) \geqq -35 \\ \dfrac{-3x_1 - 8x_2 + 35}{-2} & ;\quad -35 \geqq z_1(\boldsymbol{x}) \geqq -37 \\ 1 & ;\quad z_1(\boldsymbol{x}) \leqq -37, \end{cases}$$

$$\mu_2^L(z_2(\boldsymbol{x})) = \begin{cases} 0 & ;\quad z_2(\boldsymbol{x}) \geqq 24 \\ \dfrac{5x_1 + 4x_2 - 24}{-4} & ;\quad 24 \geqq z_2(\boldsymbol{x}) \geqq 20 \\ 1 & ;\quad z_2(\boldsymbol{x}) \leqq 20. \end{cases}$$

このとき，問題 (6.14) に対応する線形計画問題は

$$\begin{array}{ll} \text{maximize} & \lambda \\ \text{subject to} & 1.5x_1 + 4x_2 - \lambda \geqq 17.5 \\ & 1.25x_1 + x_2 + \lambda \leqq 6 \\ & 2x_1 + 6x_2 \leqq 27 \\ & 3x_1 + 2x_2 \leqq 16 \\ & 4x_1 + x_2 \leqq 18 \\ & x_1 \geqq 0,\ \ x_2 \geqq 0 \end{array}$$

となるので，この問題を線形計画法で解けば，最適解

$$x_1 = 0.92308, \quad x_2 = 4.19231, \qquad \lambda = 0.65385$$

が得られる．

ファジィ目標の全体の満足度が $\lambda = 0.65385$ となるこの解に対する負の利潤 $(-z_1)$ は -36.30769 で汚染物の排出量 (z_2) は 21.38462 となり，図 5.1 の辺 ED 上の点で，パレート最適解であることがわかる． ■

6.4 対話型ファジィ多目的線形計画法

多目的線形計画問題に対する Zimmermann らのファジィ多目的線形計画法では，暗黙のうちに意思決定者は Bellman と Zadeh のファジィ決定に対する最大化決定に従うことが仮定されており，各目的関数に対するメンバシップ関数を決定した後の，意思決定者との対話がまったく考慮されていなかった．本節では，このような問題点を克服するために坂和らによって提案された対話型ファジィ多

目的線形計画法について考察する．

前章で考察したように，一般の多目的線形計画問題は，複数個の互いに相競合する線形の目的関数を与えられた線形の制約条件のもとでなんらかの意味で最適化するという問題として，次のように定式化される．

$$\left.\begin{array}{ll}\text{minimize} & \boldsymbol{z}(\boldsymbol{x}) = (z_1(\boldsymbol{x}), z_2(\boldsymbol{x}), \ldots, z_k(\boldsymbol{x}))^T \\ \text{subject to} & \boldsymbol{x} \in X = \{\boldsymbol{x} \in R^n \mid A\boldsymbol{x} \leqq \boldsymbol{b},\ \boldsymbol{x} \geqq \boldsymbol{0}\}\end{array}\right\} \tag{6.18}$$

ここで，$\boldsymbol{x}$ は n 次元決定変数ベクトル，$z_1(\boldsymbol{x}) = \boldsymbol{c}_1\boldsymbol{x}, \ldots, z_k(\boldsymbol{x}) = \boldsymbol{c}_k\boldsymbol{x}$ は k 個の相競合する線形の目的関数で，X は線形の制約領域を表す．

前章でも考察したように，多目的線形計画問題では，目的関数がベクトルであるため，通常のスカラーの目的関数の最適解の代わりに，ある目的関数を改善するためには少なくとも他の 1 つの目的関数を改悪せざるを得ない解，すなわち，パレート最適解が定義されている．

このようなベクトル最小化問題として定式化される多目的線形計画問題に対して，人間の判断のあいまい性を考慮すれば，意思決定者 (DM) は「$z_i(\boldsymbol{x})$ をだいたいある値以下にしたい」というようなファジィ目標をもつものと考えられる．

各目的関数 $z_i(\boldsymbol{x})$ に対する意思決定者のファジィ目標を規定するメンバシップ関数 $\mu_i(z_i(\boldsymbol{x}))$ の決定に際して，制約領域における各目的関数の個別の最小値 $z_i^{\min} = \min_{\boldsymbol{x}\in X} z_i(\boldsymbol{x})$ と最大値 $z_i^{\max} = \max_{\boldsymbol{x}\in X} z_i(\boldsymbol{x})$ が計算される．意思決定者は各目的関数の個別の最小値と最大値の範囲内で，満足度が 0 と 1 になるような目的関数の値 z_i^0 と z_i^1 に対応する 2 点を線分で結んだ線形メンバシップ関数を評価する．ここでメンバシップ関数の定義域は，$z_i^{\min}$ と $z_i^{\max}$ の間で満足値が 0 となるような目的関数の値 z_i^0 から，満足度が 1 となるような目的関数の値 z_i^1 までの範囲であり，z_i^0 より望ましくない $z_i(\boldsymbol{x})$ に対しては $\mu_i(z_i(\boldsymbol{x})) = 0$, z_i^1 より望ましい $z_i(\boldsymbol{x})$ に対しては $\mu_i(z_i(\boldsymbol{x})) = 1$ と定義されている．

ファジィ多目的線形計画法では，さらにより一般的な場合として，意思決定者が，「$z_i(\boldsymbol{x})$ はだいたい p_i 以下にしたい」，あるいは「$z_i(\boldsymbol{x})$ はだいたい q_i 以上にしたい」というようなファジィ目標のみならず，「$z_i(\boldsymbol{x})$ はだいたい r_i ぐらいにしたい」というファジィ目標をもつような，一般化された多目的線形計画問題を取り扱うことができる．このような一般化多目的線形計画問題を，形式的に次のように表すことにしよう．

$$\left.\begin{array}{lll} \text{fuzzy min} & z_i(\boldsymbol{x}), & i \in I_1 \\ \text{fuzzy max} & z_i(\boldsymbol{x}), & i \in I_2 \\ \text{fuzzy equal} & z_i(\boldsymbol{x}), & i \in I_3 \\ \text{subject to} & \boldsymbol{x} \in X & \end{array}\right\} \tag{6.19}$$

ただし，$I_1 \cup I_2 \cup I_3 = \{1, 2, \ldots, k\}$, $I_i \cap I_j = \emptyset, i, j = 1, 2, 3, i \neq j$ である．

ここで，fuzzy min $z_i(\boldsymbol{x})$ あるいは fuzzy max $z_i(\boldsymbol{x})$ は，「$z_i(\boldsymbol{x})$ をだいたい p_i 以下，あるいは q_i 以上にしたい」という意思決定者のファジィ目標を表し，fuzzy equal $z_i(\boldsymbol{x})$ は「$z_i(\boldsymbol{x})$ はだいたい r_i ぐらいにしたい」というファジィ目標を表し，それぞれ対応するメンバシップ関数により規定される．

意思決定者の「$z_i(\boldsymbol{x})$ はだいたい r_i ぐらいにしたい」というファジィ目標を表すメンバシップ関数の例が，図 6.4 に示されている．このようなメンバシップ関数は，最小化の場合と同様に，意思決定者との対話により，r_i の左側と右側に対して，それぞれ，満足度が 0 と 1 になるような目的関数の値 z_i^0 と z_i^1 に対応する 2 点を線分で結んだ線形メンバシップ関数を評価する．

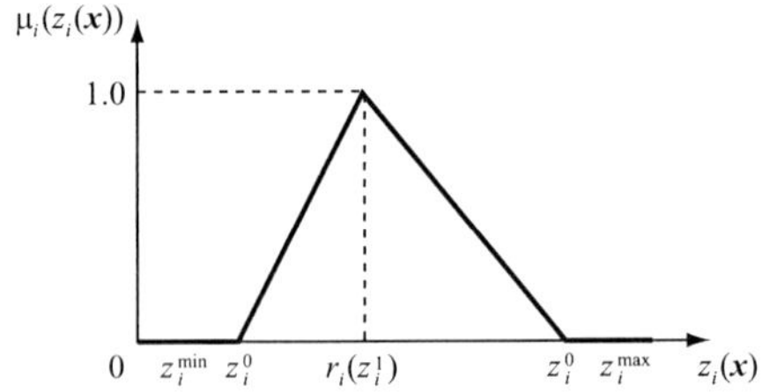

図 **6.4**　fuzzy equal $z_i(\boldsymbol{x})$ のメンバシップ関数

意思決定者のファジィ目標として fuzzy equal $z_i(\boldsymbol{x})$ が含まれる場合には，$z_i(\boldsymbol{x})$ の大小関係に基づいて定義されているパレート最適解の概念をそのまま適用することはできない．そこで，目的関数の代りにメンバシップ関数の大小関係に基づいて定義されるパレート最適解の概念が導入され，特に **M** パレート最適解とよばれている．

M パレート最適解

$\boldsymbol{x}^* \in X$ に対して $\mu_i(z_i(\boldsymbol{x})) \geq \mu_i(z_i(\boldsymbol{x}^*)), i = 1, \ldots, k$ で，しかもある j について $\mu_j(z_j(\boldsymbol{x})) > \mu_j(z_j(\boldsymbol{x}^*))$ となるような $\boldsymbol{x} \in X$ が存在しないとき，$\boldsymbol{x}^*$ を M パレート最適解であるという．

Zimmermann らの提案したファジィ多目的線形計画法では，暗黙のうちに意思決定者は，最小オペレータに対する最大化決定に従うことが仮定されており，各目的関数に対するメンバシップ関数を決定した後の，意思決定者との対話に関する考慮がなされていないという問題点が残されていた．すなわち，すべての目的関数に対して，対応するメンバシップ関数 $\boldsymbol{\mu}(\boldsymbol{z}(\boldsymbol{x})) = (\mu_1(z_1(\boldsymbol{x})), \ldots, \mu_k(z_k(\boldsymbol{x})))^T$ が決定された後，これらのメンバシップ関数をいかに統合するかという重大な問題に対して，意思決定者は最小オペレータを選択することが黙認されていた．

一般に，k 個の相競合するメンバシップ関数に対して，いわゆる統合関数とでもよぶべき関数

$$\mu_D(\boldsymbol{\mu}(\boldsymbol{z}(\boldsymbol{x}))) = \mu_D(\mu_1(z_1(\boldsymbol{x})), \ldots, \mu_k(z_k(\boldsymbol{x}))) \tag{6.20}$$

を導入すれば，次のようなファジィ多目的意思決定問題が形式的に定義できる．

$$\underset{\boldsymbol{x} \in X}{\text{maximize}} \ \ \mu_D(\boldsymbol{\mu}(\boldsymbol{z}(\boldsymbol{x}))) \tag{6.21}$$

ここで，統合関数 $\mu_D(\boldsymbol{\mu}(\boldsymbol{z}(\boldsymbol{x})))$ の値は，k 個のファジィ目標に対する意思決定者の全体としての満足度を表していると解釈することができる．Bellman と Zadeh のファジィ決定あるいは最小オペレータは，統合関数 $\mu_D(\boldsymbol{\mu}(\boldsymbol{z}(\boldsymbol{x})))$ の 1 つの特別な場合であり，一般の状況において，k 個のメンバシップ関数の統合法としては，かならずしも満足できるものであるとはいえない．もちろん，もし意思決定者の統合関数 $\mu_D(\boldsymbol{\mu}(\boldsymbol{z}(\boldsymbol{x})))$ の関数形を大域的に同定することができれば，後は単に通常の最適化問題を解くことに帰着されるので，話は簡単である．しかし一般には意思決定者の，このような統合関数の関数形を大域的に同定することは非常に困難な作業であると思われる．したがってこのような場合には，意思決定者の陰に存在する統合関数を大域的に陽に同定することなく，意思決定者との対話により，局所的な選好情報を引き出し，最終的に意思決定者が満足できる解，すなわち満足解を求めるという対話型手法が望ましい．このような観点から各目的関数に対するメンバシップ関数が決定された後，メンバシップ関数空間において，意思決定者の設定する基準点にある意味において近いパレート解を求め，もし満足できなければ対話的に基準点を更新することにより，最終的に (M) パレート最適性の保証された満足解を求めるという対話型ファジィ多目的線形計画法が，坂和らにより提案され，発展してきている．

多目的線形計画問題 (6.18) あるいは一般化多目的線形計画問題 (6.19) の目的関数 $\boldsymbol{z}(\boldsymbol{x}) = (z_1(\boldsymbol{x}), \ldots, z_k(\boldsymbol{x}))^T$ に対する，意思決定者のメンバシップ関数 $\boldsymbol{\mu}(\boldsymbol{z}(\boldsymbol{x})) = (\mu_1(z_1(\boldsymbol{x})), \ldots, \mu_k(z_k(\boldsymbol{x})))^T$ が決定された後，各メンバシップ関数に対して意思決定者の志望水準を反映させる基準点 $\bar{\boldsymbol{\mu}} = (\bar{\mu}_1, \ldots, \bar{\mu}_k)^T$ が，意思決

定者により主観的に設定されたとしよう．このとき，もし，基準点の設定がひかえめすぎて達成可能であれば，その基準点よりも望ましい (M) パレート最適解を求める一方，もし基準点が達成不可能であれば，基準点にできるだけ近い (M) パレート最適解を求めることが望まれる．このような (M) パレート最適解は，次の**ミニマックス問題**を解くことにより求められる．

$$\left.\begin{array}{ll} \text{minimize} & \max_{i=1,\ldots,k} \left\{\bar{\mu}_i - \mu_i(z_i(\boldsymbol{x}))\right\} \\ \text{subject to} & \boldsymbol{x} \in X \end{array}\right\} \tag{6.22}$$

あるいは等価的に

$$\left.\begin{array}{ll} \text{minimize} & v \\ \text{subject to} & \bar{\mu}_i - \mu_i(z_i(\boldsymbol{x})) \leqq v, \quad i = 1, 2, \ldots, k \\ & \boldsymbol{x} \in X \end{array}\right\} \tag{6.23}$$

ここで，基準点 $\bar{\boldsymbol{\mu}} = (\bar{\mu}_1, \ldots, \bar{\mu}_k)^T$ は，Wierzbicki の目的関数空間での基準点の考えをメンバシップ関数空間に拡張したものであり，**基準メンバシップ値**とよばれている．この問題を解くことにより，意思決定者が主観的に設定した基準メンバシップ値 $\bar{\mu}_i$ に，ミニマックスの意味で近い (M) パレート最適解が得られることは，メンバシップ関数空間におけるミニマックス問題を表している図 6.5 からも容易にうなずける．

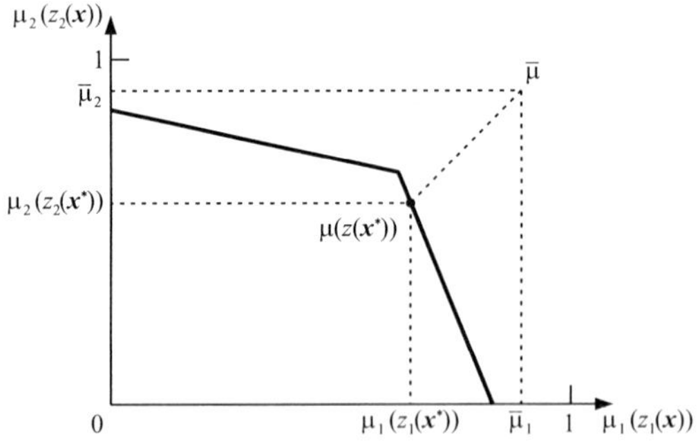

図 **6.5** メンバシップ関数空間におけるミニマックス問題

ミニマックス問題において，もしメンバシップ関数 $\mu_i(z_i(\boldsymbol{x}))$ がすべて線形であれば，ミニマックス問題は線形計画問題になるので，シンプレックス法を直接適用することにより最適解を得ることができることに注意しよう．

さて，このようなミニマックス問題を解いて得られる最適解と，(一般化) 多目

的線形計画問題の (M) パレート最適解との間には次の関係が成立する.

ミニマックス問題と（一般化）多目的線形計画問題との関係

(1) もし $\boldsymbol{x}^* \in X$ がある基準メンバーシップ値に対するミニマックス問題の一意的な最適解であれば，$\boldsymbol{x}^*$ は（一般化）多目的線形計画問題の (M) パレート最適解である.

(2) もし，$\boldsymbol{x}^* \in X$ が（一般化）多目的線形計画問題の (M) パレート最適解であれば，$\boldsymbol{x}^*$ がミニマックス問題に対する最適解となるような基準メンバシップ値が存在する.

この関係は，最適解および (M) パレート最適解の定義を考慮すれば，背理法により容易に示すことができる.

ここで，ミニマックス問題の最適解 $\boldsymbol{x}^*$ の一意性が保証されなければ，$\boldsymbol{x}^*$ が M パレート最適解であるかどうかをテストする必要がある．M パレート最適解の定義を考慮すれば，$\boldsymbol{x}^*$ の **M** パレート最適性のテストは，線形計画問題

$$\left.\begin{array}{ll} \text{maximize} & \sum_{i=1}^{k} \varepsilon_i \\ \text{subject to} & \mu_i(z_i(\boldsymbol{x})) - \varepsilon_i = \mu_i(z_i(\boldsymbol{x}^*)), \quad i = 1, \ldots, k \\ & \boldsymbol{x} \in X,\ \boldsymbol{\varepsilon} = (\varepsilon_1, \ldots, \varepsilon_k)^T \geqq \boldsymbol{0} \end{array}\right\} \tag{6.24}$$

を解くことにより実施できることがわかる．この $\boldsymbol{x}, \boldsymbol{\varepsilon}$ を変数とする通常の線形計画問題の最適解 $\bar{\boldsymbol{x}}, \bar{\boldsymbol{\varepsilon}}$ に対して，次の関係が成立する.

M パレート最適性のテスト

M パレート最適性のテスト問題 (6.24) の最適解 $\bar{\boldsymbol{x}}, \bar{\boldsymbol{\varepsilon}}$ に対して

(1) $\bar{\boldsymbol{\varepsilon}} = \boldsymbol{0}$ であれば，$\boldsymbol{x}^*$ は一般化多目的線形計画問題の M パレート最適解である.

(2) $\bar{\boldsymbol{\varepsilon}} \geqq \boldsymbol{0}, \bar{\boldsymbol{\varepsilon}} \gneqq \boldsymbol{0}$ のときは，$\boldsymbol{x}^*$ は一般化多目的線形計画問題の M パレート最適解ではない．このとき，$\bar{\boldsymbol{x}}$ がミニマックス問題 (6.23) に対応した M パレート最適解となる.

この関係は，背理法により，最適解および M パレート最適解の定義を考慮すれば，容易に示すことができる.

さて，意思決定者が現在の M パレート最適解で満足するのか，あるいは基準メンバシップ関数を更新するのかの判断のための情報として，現在の解における各

メンバシップ関数間のトレード・オフ比を与えることが考えられる．このトレード・オフ比は，ミニマックス問題 (6.23) のメンバシップ関数に関する制約式のシンプレックス乗数を π_i とすると，$\pi_i > 0,\ i = 1, \ldots, k,$ であれば，次式で与えられることが示される．

$$-\frac{\partial \mu_i(z_i(\boldsymbol{x}))}{\partial \mu_1(z_1(\boldsymbol{x}))} = \frac{\pi_1}{\pi_i}, \qquad i = 1, 2, \ldots, k \tag{6.25}$$

式 (6.25) からもわかるように，トレード・オフ比を求めるためには，ミニマックス問題 (6.23) のメンバシップ関数に関する制約式がすべて活性，すなわち，等式として満たされていることが必要である．したがって，もし不等式として満たされているような不活性な制約式が存在すれば，基準メンバシップ値 $\bar{\mu}_i$ を現在の M パレート最適解に対するメンバシップ値 $\mu_i(z_i(\boldsymbol{x}^*))$ に置き換えて，ミニマックス問題を解き，対応するシンプレックス乗数を求める必要がある．

対話型ファジィ多目的線形計画法では，意思決定者は自己の設定した基準メンバシップ値にミニマックスの意味で近い M パレート最適解のメンバシップ関数の達成レベルに，もし満足できなければ，満足のできる M パレート最適解が得られるまで，対話的に次々と基準メンバシップ値を更新することになる．このような M パレート最適性の保証された意思決定者の満足解を求めるための対話型アルゴリズムは，次のように構成することができる．ここで，* 印のついた手順では，意思決定者との対話が行われる．

対話型ファジィ多目的線形計画法のアルゴリズム

手順 0 与えられた制約領域における各目的関数の個別の最小値と最大値を求める．

手順 1* 各目的関数に対するメンバシップ関数を決定する．

手順 2 初期の基準メンバシップ値を 1 に設定する．

手順 3 設定された基準メンバシップ値に対して，ミニマックス問題を解き，M パレート最適解と現在の解における各メンバシップ関数間のトレード・オフ比を求める．

手順 4* 現在の解に満足なら終了．そうでなければ，現在のメンバシップ関数値とトレード・オフ比を考慮して，基準メンバシップ値を更新して手順 3 へもどる．

ここで，得られた解は M パレート最適性を満たしているので，意思決定者は，あるメンバシップ関数の満足度を改善するためには，他のいずれかのメンバシップ関数の満足度を犠牲にせざるを得ないことに注意しよう．

例 **6.3** （環境汚染を考慮した生産計画の問題）

対話型ファジィ多目的線形計画法のアルゴリズムを例示するために，例 6.2 の環境汚染を考慮した生産計画の問題において，(1) 利潤を最大にしたい，(2) 汚染物の排出量を最小にしたいという 2 つのファジィ目標のみならず，(3)（1 トン当たりの利潤を考慮して，）製品 P_1 の生産量を製品 P_2 の生産量の 8/3 倍にしたいという，意思決定者のファジィ目標が与えられた問題を考察してみよう．

このときの対応する一般化多目的線形計画問題は，次のように定式化される．

$$\begin{array}{ll} \text{fuzzy max} & 3x_1 + 8x_2 \\ \text{fuzzy min} & 5x_1 + 4x_2 \\ \text{fuzzy equal} & 3x_1 - 8x_2 \\ \text{subject to} & \quad \boldsymbol{x} \in X \end{array}$$

ここで，X は例 6.2 の実行可能領域である．

まず，各目的関数の個別の最小値と最大値は

$$z_1^{\min} = 0,\ \ z_1^{\max} = 37,\quad z_2^{\min} = 0,\ \ z_2^{\max} = 29,\quad z_3^{\min} = -36,\ \ z_3^{\max} = 13.5$$

となるので，これらの値を考慮して意思決定者が主観的に各ファジィ目標に対するメンバシップ関数を

$$\left\{ \begin{array}{lll} \text{fuzzy max} & \mu_1(18) = 0, & \mu_1(26) = 1 \\ \text{fuzzy min} & \mu_2(25) = 0, & \mu_2(18) = 1 \\ \text{fuzzy equal} & \mu_{3L}(17) = 0, & \mu_{3L}(0) = \mu_{3R}(0) = 1,\ \ \mu_{3R}(8) = 0 \end{array} \right.$$

となるような，$\mu_i = 0$ から $\mu_i = 1, i = 1, 2, 3$ までの直線で与えられる線形のメンバシップ関数として設定したものと仮定しよう．

このとき，基準メンバシップ値 1 に対して，対応するミニマックス問題を解けば，M パレート最適解

$$z_1 = 22.821,\quad z_2 = 20.782,\quad z_3 = -6.756 \qquad (x_1 = 2.678,\ x_2 = 1.849)$$

と対応するメンバシップ値

$$\mu_1 = 0.6026,\quad \mu_2 = 0.6026,\quad \mu_3 = 0.6026$$

および，メンバシップ関数間のトレード・オフ比

$$-\frac{\partial \mu_2}{\partial \mu_1} = 1.2381,\quad -\frac{\partial \mu_3}{\partial \mu_1} = 0.8740$$

が得られる．

これらの情報を考慮して，意思決定者は生産量の比率に対する満足度をもう少し犠牲にしても，利潤に対する満足度を少し上げるとともに，環境汚染に対する満足度をもう少し上げたいと判断して，基準メンバシップ値を

$$\bar{\mu}_1 = 0.7, \quad \bar{\mu}_2 = 0.8, \quad \bar{\mu}_3 = 0.5$$

に変更したものとする．このとき，対応するミニマックス問題を解けば，M パレート最適解

$$z_1 = 23.2221, \quad z_2 = 19.7306, \quad z_3 = -9.3029 \qquad (x_1 = 2.3199,\ x_2 = 2.0328)$$

と対応するメンバシップ値

$$\mu_1 = 0.6528, \quad \mu_2 = 0.7528, \quad \mu_3 = 0.4528$$

および，メンバシップ関数間のトレード・オフ比

$$-\frac{\partial \mu_2}{\partial \mu_1} = 1.2381, \quad -\frac{\partial \mu_3}{\partial \mu_1} = 0.8740$$

が得られる．

ここで，もし意思決定者がこれらの利潤，環境汚染の排出量および生産量の比率に対するファジィ目標の達成レベルに満足したものとすれば，この M パレート最適解が満足解となり，アルゴリズムは終了することになる． ■

章 末 問 題

6.1 線形計画問題

$$\begin{array}{ll} \text{minimize} & z = -x_1 - 2x_2 \\ \text{subject to} & 2x_1 + 6x_2 \leqq 27 \\ & 8x_1 + 6x_2 \leqq 45 \\ & 3x_1 + x_2 \leqq 15 \\ & \ x_1 \geqq 0,\ x_2 \geqq 0 \end{array}$$

に対するファジィ目標とファジィ制約が，それぞれ

$$\begin{array}{lll} \text{ファジィ目標：} & \mu_0(-9.5) = 0, & \mu_0(-10.5) = 1 \\ \text{ファジィ制約 1：} & \mu_1(30) = 0, & \mu_1(27) = 1 \\ \text{ファジィ制約 2：} & \mu_2(50) = 0, & \mu_2(45) = 1 \\ \text{ファジィ制約 3：} & \mu_3(17) = 0, & \mu_3(15) = 1 \end{array}$$

となるような線形メンバシップ関数で与えられる場合の最適解を求めて，非ファジィ解とファジィ解を比較検討してみよ．

6.2 例 6.2 において，線形メンバシップ関数を (6.16), (6.17) により決定した場合の最適解を求めてみよ．

6.3 多目的線形計画問題

$$
\begin{array}{ll}
\text{minimize} & z_1 = -x_1 - 2x_2 \\
\text{minimize} & z_2 = 3x_1 + 2x_2 \\
\text{subject to} & 2x_1 + 6x_2 \leqq 27 \\
& 8x_1 + 6x_2 \leqq 45 \\
& 3x_1 + x_2 \leqq 15 \\
& x_1 \geqq 0,\ x_2 \geqq 0
\end{array}
$$

において，目的関数 $z_1(\boldsymbol{x})$, $z_2(\boldsymbol{x})$ に対するファジィ目標が，それぞれ $\mu_1(-8) = 0$, $\mu_1(-10) = 1$, $\mu_2(14) = 0$, $\mu_2(9) = 1$ を直線で結ぶような線形メンバシップ関数で与えられるものとする．このとき，問題 (6.14) に対応する線形計画問題を定式化して，最適解を求めてみよ．

6.4 ファジィ多目的線形計画問題

$$
\begin{array}{ll}
\text{fuzzy max} & x_1 + 2x_2 \\
\text{fuzzy min} & 3x_1 + 2x_2 \\
\text{fuzzy equal} & x_1 - 2x_2 \\
\text{subject to} & 2x_1 + 6x_2 \leqq 27 \\
& 8x_1 + 6x_2 \leqq 45 \\
& 3x_1 + x_2 \leqq 15 \\
& x_1 \geqq 0,\ x_2 \geqq 0
\end{array}
$$

に対して対話型ファジィ多目的線形計画法のアルゴリズムを適用してみよ．

7 食品スーパーの購買問題への応用

本章では，食品スーパーの購買計画問題を取り上げ，できる限り現実に近い設定で定式化することによって，経営上の意思決定問題に対する線形計画法の応用例を示す．卸売市場での食品価格やトラック燃料の軽油価格などのデータを収集して，この購買計画問題は定式化されているが，ある種の経済環境の変化により，これらのデータが変化した場合，得られた最適解が変動しうるかどうかを調べる感度分析についても言及する．さらに，この応用例に対して，多目的線形計画法やファジィ多目的線形計画法の適用を試みる．

7.1 線形計画問題としての定式化

食品スーパー ABC の生鮮食料品の**購買問題**を考えてみる．日本では新鮮さを重視して，野菜や果物はその日あるいは翌日に消費する少量を小分けにして購入する消費者が多く，そのような要求に応えるために，一般に食品スーパーは需要量を適切に把握して，卸売市場などから食品を購入している．食品スーパー ABC も同様に，野菜や果物の生鮮食料品を日本の各地の中央卸売市場から仕入れており，生鮮食料品の販売収入から仕入費用と輸送費用を差し引いた純利益を最大にしたいと考えている．したがって，食品スーパー ABC の購買問題は食品の輸送問題を含んでいる．

最初に具体的な数値を与えるのではなく，一般的な表現で線形計画問題を定式化してみる．図 7.1 に示されているように，食品スーパー ABC は，n 種類の生鮮食料品を s 都市の中央卸売市場で仕入れている．各中央卸売市場で購入された食品は東京にある食品スーパー ABC の倉庫へトラックで輸送される．食品 i の仕入数量を $x_i, i = 1, \ldots, n$ とし，都市 j の中央卸売市場での食品 i の購入量を y_{ji}, $j = 1, \ldots, s$, $i = 1, \ldots, n$ とする．x_i および y_{ji} をベクトル表記で表すと，それぞれ $\boldsymbol{x} = (x_1, \ldots, x_n)^T$, $\boldsymbol{y} = (\boldsymbol{y}_1^T, \ldots, \boldsymbol{y}_s^T)^T$, $\boldsymbol{y}_j = (y_{j1}, \ldots, y_{jn})^T$, $j = 1, \ldots, s$ である．

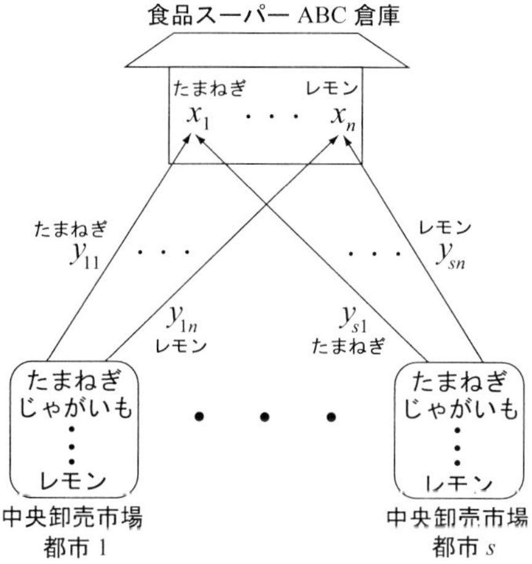

図 **7.1** 食品スーパー ABC の購買と輸送

1 目的関数 食品スーパー ABC の目的関数は，販売収入から仕入費用と輸送費用を差引いた純利益として，次のように表される．

$$z(\boldsymbol{x}, \boldsymbol{y}) = \sum_{i=1}^{n} c_i x_i - \sum_{j=1}^{s} \sum_{i=1}^{n} d_{ji} y_{ji} - \sum_{j=1}^{s} \sum_{i=1}^{n} b_{ji} y_{ji} \tag{7.1}$$

ここで，c_i は食品 i の販売価格，d_{ji} は都市 j の中央卸売市場での食品 i の仕入価格，b_{ji} は都市 j から東京の倉庫への食品 i の 1 単位当たりの輸送費用であり，目的関数 $z(\boldsymbol{x}, \boldsymbol{y})$ の第 1 項は販売収入，第 2 項はすべての食品のすべての都市での仕入費用，第 3 項はすべての都市から食品スーパー ABC の倉庫への輸送費用を表している．

2 制約式 食品 i の仕入数量 x_i に対して，これまでの需要データと食品スーパー ABC 自身の経営判断から設定された下限値 D_i^L と上限値 D_i^U があり，仕入数量は次のような上下限制約を満たす必要がある．

$$D_i^L \leqq x_i \leqq D_i^U, \quad i = 1, \ldots, n \tag{7.2}$$

食品 i は各地の中央卸売市場で購入されるが，その合計が食品 i の仕入数量 x_i に等しいので，仕入れに関する制約は次のように表される．

$$\sum_{j=1}^{s} y_{ji} = x_i, \quad i = 1, \ldots, n \tag{7.3}$$

さらに，各都市の中央卸売市場での財政的制約あるいは購入数量には制限がある．都市 j における予算の上限を o_j とすると財政制約は次のように示される．

$$\sum_{i=1}^{n} d_{ji} y_{ji} \leqq o_j, \quad j = 1, \ldots, s \tag{7.4}$$

また，食品スーパー ABC の倉庫の容積を W とし，食品 i の単位当たりの容量を v_i とする．このとき，倉庫に関する制約は次のように表される．

$$\sum_{i=1}^{n} v_i x_i \leqq W \tag{7.5}$$

3　定式化　　食品スーパー ABC の食品購入問題は，これまで述べてきた制約式のもとで，目的関数 $z(\boldsymbol{x}, \boldsymbol{y})$ を最大化する問題であり，次の線形計画問題として定式化される．

$$\left.\begin{array}{ll} \text{maximize} & z(\boldsymbol{x},\boldsymbol{y}) = \sum_{i=1}^{n} c_i x_i - \sum_{j=1}^{s} \sum_{i=1}^{n} d_{ji} y_{ji} - \sum_{j=1}^{s} \sum_{i=1}^{n} b_{ji} y_{ji} \\ \text{subject to} & D_i^L \leqq x_i \leqq D_i^U, \quad i = 1, \ldots, n \\ & \sum_{j=1}^{s} y_{ji} = x_i, \quad i = 1, \ldots, n \\ & \sum_{i=1}^{n} d_{ji} y_{ji} \leqq o_j, \quad j = 1, \ldots, s \\ & \sum_{i=1}^{n} v_i x_i \leqq W, \quad i = 1, \ldots, n \\ & \quad \boldsymbol{x} \geqq \boldsymbol{0}, \ \boldsymbol{y} \geqq \boldsymbol{0} \end{array}\right\} \tag{7.6}$$

4　数値データ　　線形計画問題 (7.6) として定式化された食品スーパー ABC の購買問題は一般的な定式化であるが，実際には各種の数値データは次のように設定される．食品スーパー ABC は 16 種類の野菜と果物を取り扱っており，8 つの都市の中央卸売市場で食品を仕入れている．したがって，線形計画問題のパラメータ n と s は，$n = 16$, $s = 8$ となる．16 種類の食品は，たまねぎ，じゃがいも，キャベツ，大根，白菜，人参，きゅうり，レタス，トマト，ほうれん草，なす，りんご，バナナ，いちご，みかん，レモンであり，これらの食品は札幌，仙台，新潟，金沢，東京，大阪，広島，宮崎の 8 都市の中央卸売市場で仕入れられる．各食品の小売価格と仕入価格は表 7.1 に示される．なお，仕入価格は平成 20 年 3 月の各中央卸売市場での平均価格である．

生鮮食料品は 8 都市から東京の倉庫までトラックで輸送されるが，トラックの容量を 8 トンとし，高速道路を利用し，燃料費を 1 リットル当たり 116 円と仮定して，都市 j から食品 i を輸送する際の単位当たりの費用 b_{ji} を計算し，表 7.2

表 7.1　小売価格と仕入価格 [円/kg]

			食品 1（たまねぎ）	食品 2（じゃがいも）	食品 3（キャベツ）	食品 4（大根）	食品 5（白菜）	食品 6（人参）
小売価格			90	111	99	82	105	180
仕入価格	都市 1（札幌）	d_{1i}	55	57	100	102	104	156
	都市 2（仙台）	d_{2i}	78	87	113	95	115	187
	都市 3（新潟）	d_{3i}	73	90	98	85	114	169
	都市 4（金沢）	d_{4i}	83	105	103	83	113	178
	都市 5（東京）	d_{5i}	95	117	104	86	111	189
	都市 6（大阪）	d_{6i}	111	110	88	71	97	189
	都市 7（広島）	d_{7i}	92	81	87	72	104	179
	都市 8（宮崎）	d_{8i}	85	106	72	60	88	151

			食品 7（きゅうり）	食品 8（レタス）	食品 9（トマト）	食品 10（ほうれん草）	食品 11（なす）	食品 12（りんご）
小売価格			259	162	347	275	358	245
仕入価格	都市 1（札幌）	d_{1i}	288	229	349	339	421	221
	都市 2（仙台）	d_{2i}	270	168	394	284	336	250
	都市 3（新潟）	d_{3i}	274	186	312	335	342	231
	都市 4（金沢）	d_{4i}	276	188	429	296	373	226
	都市 5（東京）	d_{5i}	273	170	365	289	377	258
	都市 6（大阪）	d_{6i}	260	173	317	287	368	274
	都市 7（広島）	d_{7i}	248	138	300	257	315	265
	都市 8（宮崎）	d_{8i}	217	93	249	242	260	249

			食品 13（バナナ）	食品 14（いちご）	食品 15（みかん）	食品 16（レモン）
小売価格			140	887	183	276
仕入価格	都市 1（札幌）	d_{1i}	157	926	195	294
	都市 2（仙台）	d_{2i}	165	867	198	353
	都市 3（新潟）	d_{3i}	149	743	168	283
	都市 4（金沢）	d_{4i}	115	872	159	290
	都市 5（東京）	d_{5i}	147	934	193	290
	都市 6（大阪）	d_{6i}	147	939	156	310
	都市 7（広島）	d_{7i}	176	693	168	301
	都市 8（宮崎）	d_{8i}	186	782	150	231

に示している．倉庫の容積 W は 150 $\mathrm{m}^2 \times 2$ m であり，食品 i の単位当たりの容量 v_i は表 7.2 に示されている．さらに，表 7.3 に示される食品 i の仕入数量の下限 D_i^L は，1 万世帯の需要として定められており，その上限値 D_i^U は下限値 D_i^L の 1.1 倍から 1.4 倍に設定されている．また，8 都市のそれぞれの予算の上限 o_j は表 7.3 に示される．

このような現実的なデータを用いて，線形計画問題として定式化された食品スーパー ABC の購買問題を，第 3 章で解説した Excel のソルバーを用いて解くと，

表 **7.2**　輸送費用 [円/kg] と食品容積 [cm^3/kg]

	食品 1	食品 2	食品 3	食品 4	食品 5	食品 6
都市 1 b_{1i}	12.476020	7.984653	12.476020	2.694820	9.980816	5.988490
都市 2 b_{2i}	2.834936	1.814359	2.834936	0.612346	2.267949	1.360769
都市 3 b_{3i}	2.837123	1.815758	2.837123	0.612818	2.269698	1.361819
都市 4 b_{4i}	3.882100	2.484544	3.882100	0.838534	3.105680	1.863408
都市 5 b_{5i}	0.202730	0.129747	0.202730	0.043790	0.162184	0.097310
都市 6 b_{6i}	4.553846	2.914462	4.553846	0.983631	3.643077	2.185846
都市 7 b_{7i}	6.225852	3.984545	6.225852	1.344784	4.980682	2.988409
都市 8 b_{8i}	10.273461	6.575015	10.273461	2.219068	8.218769	4.931261
食品容積 v_i	5000	3200	5000	1080	4000	2400
	食品 7	食品 8	食品 9	食品 10	食品 11	食品 12
都市 1 b_{1i}	2.495204	59.884896	4.990408	39.923264	24.952040	9.980816
都市 2 b_{2i}	0.566987	13.607693	1.133974	9.071796	5.669872	2.267949
都市 3 b_{3i}	0.567425	13.618188	1.134849	9.078792	5.674245	2.269698
都市 4 b_{4i}	0.776420	18.634078	1.552840	12.422719	7.764199	3.105680
都市 5 b_{5i}	0.040546	0.973104	0.081092	0.648736	0.405460	0.162184
都市 6 b_{6i}	0.910769	21.858463	1.821539	14.572308	9.107693	3.643077
都市 7 b_{7i}	1.245170	29.884090	2.490341	19.922727	12.451704	4.980682
都市 8 b_{8i}	2.054692	49.312615	4.109385	32.875076	20.546923	8.218769
食品容積 v_i	1000	24000	2000	16000	10000	4000
	食品 13	食品 14	食品 15	食品 16		
都市 1 b_{1i}	2.495204	4.990408	3.742806	3.742806		
都市 2 b_{2i}	0.566987	1.133974	0.850481	0.850481		
都市 3 b_{3i}	0.567425	1.134849	0.851137	0.851137		
都市 4 b_{4i}	0.776420	1.552840	1.164630	1.164630		
都市 5 b_{5i}	0.040546	0.081092	0.060819	0.060819		
都市 6 b_{6i}	0.910769	1.821539	1.366154	1.366154		
都市 7 b_{7i}	1.245170	2.490341	1.867756	1.867756		
都市 8 b_{8i}	2.054692	4.109385	3.082038	3.082038		
食品容積 v_i	1000	2000	1500	1500		

表 7.3 に示すような最適解が得られる．表 7.3 からわかるように，食品スーパーABC の最大化された利益は $z(\boldsymbol{x}, \boldsymbol{y}) = 2{,}196{,}027$ 円である．このとき，販売収入は 15,569,354 円となり，仕入費用は 13,000,000 円，輸送費用が 373,327 円となっている．仕入数量の上限に達している食品は，食品 1 のたまねぎと，食品 2 のじゃがいもで，食品 9 のトマトは上限でも下限でもなくその中間の数量で，その他の食品の仕入数量はすべて下限値である．また，各都市の購入額の合計はすべて予算額に一致しており，予算の上限まで食品が仕入れられていることがわかる．表 7.1 に示されるように，すべての食品に関して都市 5 の東京の中央卸売市場での購入価格は小売価格より高いが，仕入数量の制約を満足させるために，食

表 7.3 食品スーパーの購買問題 (7.6) の最適解

	食品 1	食品 2	食品 3	食品 4	食品 5	食品 6
仕入量 [kg]: x_i	5000	5000	2000	5000	10000	2000
都市 1 での購入量 [kg]: y_{1i}	5000	5000	0	0	0	2000
都市 2 での購入量 [kg]: y_{2i}	0	0	0	0	0	0
都市 3 での購入量 [kg]: y_{3i}	0	0	0	0	0	0
都市 4 での購入量 [kg]: y_{4i}	0	0	0	0	0	0
都市 5 での購入量 [kg]: y_{5i}	0	0	0	0	969	0
都市 6 での購入量 [kg]: y_{6i}	0	0	0	0	9031	0
都市 7 での購入量 [kg]: y_{7i}	0	0	0	0	0	0
都市 8 での購入量 [kg]: y_{8i}	0	0	2000	5000	0	0
下限 [kg]: D_i^L	4000	4000	2000	5000	10000	2000
購入量の和 [kg]: $\sum_{j=1}^{8} y_{ji}$	5000	5000	2000	5000	10000	2000
上限 [kg]: D_i^U	5000	5000	2400	6000	14000	2500
	食品 7	食品 8	食品 9	食品 10	食品 11	食品 12
仕入量: x_i	800	1500	3722	3000	1200	6000
都市 1 での購入量: y_{1i}	0	0	0	0	0	5104
都市 2 での購入量: y_{2i}	0	0	0	0	0	0
都市 3 での購入量: y_{3i}	0	0	0	0	0	0
都市 4 での購入量: y_{4i}	0	0	0	0	0	277
都市 5 での購入量: y_{5i}	0	0	0	3000	0	619
都市 6 での購入量: y_{6i}	0	0	0	0	0	0
都市 7 での購入量: y_{7i}	0	0	0	0	0	0
都市 8 での購入量: y_{8i}	800	1500	3722	0	1200	0
下限: D_i^L	800	1500	3000	3000	1200	6000
購入量の和: $\sum_{j=1}^{8} y_{ji}$	800	1500	3722	3000	1200	6000
上限: D_i^U	1000	2000	4000	3600	1500	6600
	食品 13	食品 14	食品 15	食品 16	購入額	予算
仕入量: x_i	12500	6000	4000	1000	—	—
都市 1 での購入量: y_{1i}	0	0	0	0	2000000	2000000
都市 2 での購入量: y_{2i}	0	1730	0	0	1500000	1500000
都市 3 での購入量: y_{3i}	0	2019	0	0	1500000	1500000
都市 4 での購入量: y_{4i}	12500	0	0	0	1500000	1500000
都市 5 での購入量: y_{5i}	0	87	0	982	1500000	1500000
都市 6 での購入量: y_{6i}	0	0	4000	0	1500000	1500000
都市 7 での購入量: y_{7i}	0	2164	0	0	1500000	1500000
都市 8 での購入量: y_{8i}	0	0	0	18	2000000	2000000
下限: D_i^L	12500	6000	4000	1000	—	—
購入量の和: $\sum_{j=1}^{8} y_{ji}$	12500	6000	4000	1000	—	—
上限: D_i^U	14500	7500	4800	1300	—	—

倉庫使用容量 [cm^3]: $\sum_{i=1}^{16} v_i x_i = 261,443,801$	倉庫容量 [cm^3]: $W = 300,000,000$
販売収入 [円]	仕入費用 [円]
$\sum_{i=1}^{n} c_i x_i = 15,569,354$	$\sum_{j=1}^{s} \sum_{i=1}^{n} d_{ji} y_{ji} = 13,000,000$
輸送費用 [円]	純利益 [円]
$\sum_{j=1}^{s} \sum_{i=1}^{n} b_{ji} y_{ji} = 373,327$	$z(\boldsymbol{x}, \boldsymbol{y}) = 2,196,027$

品5の白菜，食品10のほうれん草，食品12のりんご，食品14のいちご，食品16のレモンは東京の中央卸売市場で仕入れられている．基本的には，予算制約のもとで食品スーパーABCはできるだけ利益率 $(c_i - d_{ji} - b_{ji})/c_i$ の高い都市で食品を購入していることがわかる．たとえば，食品3のキャベツは利益率の高い宮崎で購入され，同様に食品13のバナナは金沢で購入されている．

このように，線形計画法を用いて最適な購買計画を立案することができるが，このような経営上の意思決定問題では，前提にしていた条件が少し変化したら，結果にどのように影響するかを確認しておくことが望ましい．たとえば，食品スーパーABCの購入計画問題で，各都市の中央卸売市場から東京の倉庫まで食品をトラックの輸送することを前提とし，その燃料である軽油の費用を1リットル当たり116円と仮定していた．しかし，燃料価格は変動することがあり，実際，平成20年では軽油価格が1リットル当たり148円まで高騰した．このような場合を考慮し，各種の数値データが予測される範囲で変化しても得られた解が妥当であるかどうかを確認することがある．燃料価格の変化を考慮する場合には，たとえば，軽油価格を1リットル当たり148円として，線形計画問題として定式化された食品スーパーABCの購買問題を解きなおせばよい[*1)]．

軽油価格を116円から148円に変更して定式化した線形計画問題を解いた結果，最適解は変化しないので，販売収入と仕入費用には変化はなく，それぞれ15,569,354円と13,000,000円であるが，軽油価格の上昇から輸送費用が26,007円だけ上昇して399,334円となり，純利益は2,170,019円となる．その結果，食品スーパーABCの利益は，軽油価格の上昇から26,007円減少する．

別の視点から感度分析を考えてみる．最適解において仕入数量の上限に達している食品に関して，その上限が緩和されればより多くの仕入れが見込まれることから，この上限値を増加させた場合，最適解や利益がどのように変化するかを調査することは，食品スーパーABCにとって興味のある問題である．食品2のじゃがいもが仕入数量の上限に達していることから，仕入れ数量の上限を5000単位から5100単位に変化させ，最適解や利益の変化を確認する．同様に計算した結果，都市1の札幌での食品2のじゃがいもの購入量が増加し，予算制約のため食品12のリンゴが減少する．その影響で，都市5の東京で，食品12のリンゴの購入量が増加し，食品16のレモンが減少する．最終的に，都市8の宮崎で食品16のレモンの購入量が増加し，食品9のトマトの購入量が減少する．この結果，販

---

*1) このような分析には，第2章の最後で簡単に触れた感度分析の適用が望ましいが，ここではExcelのソルバーを用いて定式化された線形計画問題を直接解くことにする．

売収入が 3,734 円増加して 15,573,088 円となる．仕入費用は変わらないが，輸送費用が 527 円だけ増加して 373,854 円となり，食品スーパー ABC の純利益は，食品 2 のじゃがいもの仕入数量の上限を 100 単位だけ増やすことによって，3,207 円増加して 2,199,233 円となる．

仕入数量の上下限と同様に，各都市の予算額は食品スーパー ABC の経営上の判断で変更することができる数値データである．特に都市 8 の宮崎では，ほとんどの食品は他の都市と比べて低価格で購入できる．そこで，都市 8 の宮崎の予算額を 2,000,000 円から 2,100,000 円へ引き上げた場合の最適解や利益の変化を調査する．計算の結果，次のような変化が見られる．まず，都市 8 の宮崎の予算額を引き上げたために，食品 9 のトマトの購入量が上限まで増加し，さらに食品 16 のレモンは都市 5 の東京での購入量を減少させて都市 8 の宮崎での購入量を増加させている．食品 12 のリンゴに関して都市 5 の東京での購入量が増加し，都市 4 の金沢で減少している．その影響で都市 4 の金沢で食品 13 のバナナの購入量が増加している．これらの一連の変動の結果，販売収入が 137,499 円増加して 15,706,853 円となり，仕入費用は増分の 100,000 円だけ増加して 13,100,000 円となる．さらに輸送費用が 1,333 円だけ増加して 374,660 円となり，食品スーパー ABC の純利益は，都市 8 の宮崎の予算額を 100,000 円だけ引き上げたことによって，36,167 円増加して 2,232,193 円となる．

7.2 多目的線形計画問題としての定式化

前節では，食品スーパー ABC の目的関数 (7.1) は，販売収入から仕入費用と輸送費用を差引いた純利益

$$z(\boldsymbol{x}, \boldsymbol{y}) = \sum_{i=1}^{n} c_i x_i - \sum_{j=1}^{s} \sum_{i=1}^{n} d_{ji} y_{ji} - \sum_{j=1}^{s} \sum_{i=1}^{n} b_{ji} y_{ji}$$

で表されていた．しかし近年，地球温暖化の問題が指摘されており，食品スーパー ABC においても，二酸化炭素やメタンのような温室ガス排出に配慮しなくてはならないと経営者は考えたとしよう．このような場合には，もとの目的関数 (7.1) のような単一の目的関数のみでは，適切な意思決定を行うことが困難になり，第 5 章で考察した多目的線形計画問題による定式化が求められる．

食品スーパー ABC の意思決定問題において，輸送に関わる温室ガス排出を考慮するために，販売収入から仕入費用を差し引いた販売利益と輸送費用を個別に評価してみよう．すなわち，販売収入から仕入費用を差し引いた販売利益

$$z_1(\boldsymbol{x},\boldsymbol{y}) = \sum_{i=1}^{n} c_i x_i - \sum_{j=1}^{s}\sum_{i=1}^{n} d_{ji} y_{ji} \tag{7.7}$$

の最大化と，輸送費用

$$z_2(\boldsymbol{x},\boldsymbol{y}) = \sum_{j=1}^{s}\sum_{i=1}^{n} b_{ji} y_{ji} \tag{7.8}$$

の最小化の 2 つの目的関数を同時に考慮した 2 目的線形計画問題を，単一の目的関数の場合と同様の制約条件のもとで考察する．このような販売利益と温室ガスの排出抑制を考慮した食品スーパー ABC の 2 目的線形計画問題は次のように定式化される．

$$\left.\begin{array}{ll}
\text{maximize} & z_1(\boldsymbol{x},\boldsymbol{y}) = \sum_{i=1}^{n} c_i x_i - \sum_{j=1}^{s}\sum_{i=1}^{n} d_{ji} y_{ji} \\
\text{minimize} & z_2(\boldsymbol{x},\boldsymbol{y}) = \sum_{j=1}^{s}\sum_{i=1}^{n} b_{ji} y_{ji} \\
\text{subject to} & D_i^L \leqq x_i \leqq D_i^U, \quad i = 1,\dots,n \\
& \sum_{j=1}^{s} y_{ji} = x_i, \quad i = 1,\dots,n \\
& \sum_{i=1}^{n} d_{ji} y_{ji} \leqq o_j, \quad j = 1,\dots,s \\
& \sum_{i=1}^{n} v_i x_i \leqq W, \quad i = 1,\dots,n \\
& \quad \boldsymbol{x} \geqq \boldsymbol{0},\ \boldsymbol{y} \geqq \boldsymbol{0}
\end{array}\right\} \tag{7.9}$$

食品スーパー ABC の 2 目的線形計画問題 (7.9) に対して，第 5 章で考察したスカラー化手法の重み係数法

$$\underset{\boldsymbol{x}\in X}{\text{minimize}} \quad \boldsymbol{wz}(\boldsymbol{x}) = \sum_{i=1}^{k} w_i z_i(\boldsymbol{x})$$

を適用してみよう．販売利益 z_1 の最大化を負の販売利益 $-z_1$ の最小化に置き換えると，問題 (7.9) は次のような重み係数問題として定式化される．

$$\left.\begin{array}{ll}
\text{minimize} & -w_1 z_1(\boldsymbol{x},\boldsymbol{y}) + w_2 z_2(\boldsymbol{x},\boldsymbol{y}) \\
& = -w_1\left(\sum_{i=1}^{n} c_i x_i - \sum_{j=1}^{s}\sum_{i=1}^{n} d_{ji} y_{ji}\right) + w_2\left(\sum_{j=1}^{s}\sum_{i=1}^{n} b_{ji} y_{ji}\right) \\
\text{subject to} & D_i^L \leqq x_i \leqq D_i^U, \quad i = 1,\dots,n \\
& \sum_{j=1}^{s} y_{ji} = x_i, \quad i = 1,\dots,n \\
& \sum_{i=1}^{n} d_{ji} y_{ji} \leqq o_j, \quad j = 1,\dots,s \\
& \sum_{i=1}^{n} v_i x_i \leqq W, \quad i = 1,\dots,n \\
& \quad \boldsymbol{x} \geqq \boldsymbol{0},\ \boldsymbol{y} \geqq \boldsymbol{0}
\end{array}\right\} \tag{7.10}$$

前節で計算した単一目的の線形計画問題の最適解では，輸送費用が 373,327 円であった．これに対して，輸送に関わる温室ガス排出の削減を目指して，輸送費用 z_2 の重み w_2 を販売利益 z_1 の重み w_1 の 5 倍に設定した重み係数 $(w_1, w_2) = (1, 5)$ を採用して，ソルバーで解くと，表 7.4 の対応する列に示すような解が得られる．逆に，販売利益 z_1 をやや重視した重み係数 $(w_1, w_2) = (3, 2)$ を採用した解も表 7.4 の対応する列に示されている．

表 7.4 もとの問題と重み係数問題の解

	もとの問題	重み係数問題	
		$(w_1, w_2) = (1,\ 5)$	$(w_1, w_2) = (3,\ 2)$
販売収入	15,569,299	15,225,062	15,585,498
仕入費用	13,000,000	13,000,000	13,000,000
輸送費用	373,327	217,626	397,216
$\max z$	2,195,972	2,007,436	2,188,282
$\max z_1$	2,569,299	2,225,062	2,585,498
$\min z_2$	373,327	217,626	397,216

ここで，もとの問題の解と重み係数を $(w_1, w_2) = (1, 5)$ とした場合の解を比較してみよう．この重み係数では，輸送費用 z_2 の最小化を重視しているので，表 7.4 からわかるように，もとの問題では輸送費用は 373,327 円であるのに対して，重み係数問題では輸送費用は 217,626 円とかなり低い値になり，輸送費用の観点からは改善されている．しかし，これに伴い，販売利益 z_1 は 2,569,299 円から 2,225,062 円に減少しており，販売利益の観点からは改悪されている．したがって，これら 2 つの目的は互いに相競合していることがわかる．一方，重み係数が $(w_1, w_2) = (3, 2)$ の場合には，対照的な結果が得られている．すなわち，販売利益 z_1 は 2,569,299 円から 2,585,498 円に増加して改善されているが，輸送費用 z_2 は 373,327 円から 397,216 円へと増加して改悪されている．また，2 種類の重み係数問題におけるもとの目的関数値 z は 2,007,436 円と 2,188,282 円で，もとの問題での最適値 2,195,972 円よりも小さくなっているが，これはもとの単一目的の線形計画問題における最適性より明らかである．

次に，食品スーパー ABC の 2 目的線形計画問題 (7.9) に対して，第 5 章で考察した対話型手法である**基準点法**を適用してみよう．基準点法では，意思決定者が主観的に設定した基準点 $(\bar{z}_1, \bar{z}_2, \ldots, \bar{z}_k)$ にミニマックスの意味で近いパレート最適解を求めるために，次のミニマックス問題を解くことになる．

$$\underset{\boldsymbol{x}\in X}{\text{minimize}} \quad \max_{i=1,\ldots,k} \{z_i(\boldsymbol{x}) - \bar{z}_i\}$$

食品スーパー ABC の 2 目的線形計画問題 (7.9) に対する意思決定者の設定した基準点 $(\bar{z}_1, \bar{z}_2)$ に対応するミニマックス問題は次のように定式化される．

$$\left.\begin{aligned}
&\text{minimize} \quad \max\{-z_1(\boldsymbol{x},\boldsymbol{y}) - \bar{z}_1, z_2(\boldsymbol{x},\boldsymbol{y}) - \bar{z}_2\} \\
&= \max\Bigl\{-\textstyle\sum_{i=1}^n c_i x_i + \sum_{j=1}^s \sum_{i=1}^n d_{ji} y_{ji} - \bar{z}_1, \sum_{j=1}^s \sum_{i=1}^n b_{ji} y_{ji} - \bar{z}_2\Bigr\} \\
&\text{subject to} \quad D_i^L \leqq x_i \leqq D_i^U, \quad i = 1, \ldots, n \\
&\qquad \textstyle\sum_{j=1}^s y_{ji} = x_i, \quad i = 1, \ldots, n \\
&\qquad \textstyle\sum_{i=1}^n d_{ji} y_{ji} \leqq o_j, \quad j = 1, \ldots, s \\
&\qquad \textstyle\sum_{i=1}^n v_i x_i \leqq W, \quad i = 1, \ldots, n \\
&\qquad \boldsymbol{x} \geqq \boldsymbol{0}, \ \boldsymbol{y} \geqq \boldsymbol{0}
\end{aligned}\right\} \tag{7.11}$$

補助変数 v を導入すれば，ミニマックス問題 (7.11) は次のように変換される．

$$\left.\begin{aligned}
&\text{minimize} \quad v \\
&\text{subject to} \quad -\textstyle\sum_{i=1}^n c_i x_i + \sum_{j=1}^s \sum_{i=1}^n d_{ji} y_{ji} - \bar{z}_1 \leqq v \\
&\qquad \textstyle\sum_{j=1}^s \sum_{i=1}^n b_{ji} y_{ji} - \bar{z}_2 \leqq v \\
&\qquad D_i^L \leqq x_i \leqq D_i^U, \quad i = 1, \ldots, n \\
&\qquad \textstyle\sum_{j=1}^s y_{ji} = x_i, \quad i = 1, \ldots, n \\
&\qquad \textstyle\sum_{i=1}^n d_{ji} y_{ji} \leqq o_j, \quad j = 1, \ldots, s \\
&\qquad \textstyle\sum_{i=1}^n v_i x_i \leqq W, \quad i = 1, \ldots, n \\
&\qquad \boldsymbol{x} \geqq \boldsymbol{0}, \quad \boldsymbol{y} \geqq \boldsymbol{0}
\end{aligned}\right\} \tag{7.12}$$

販売利益 z_1 の最大値および輸送費用 z_2 の最小値はそれぞれ 2,585,822 円および 201,042 円であり，もとの問題の販売利益と輸送費用は 2,569,299 円および 373,327 円である．これらの値を考慮して，意思決定者は基準点を $(\bar{z}_1, \bar{z}_2) =$ (−2,600,000, 300,000) に設定したとする．このとき，ソルバーで解いて得られた解は表 7.5 の対応する列に示されている．

表 7.5 に示されているように，販売利益 z_1 は 2,545,614 円で，輸送費用 z_2 は 354,386 円となっている．これらの目的関数値に対して，意思決定者は輸送費用を改善したいと考え，基準点を $(\bar{z}_1, \bar{z}_2) =$ (−2,600,000, 260,000) に更新したものとする．この基準点に対応する販売利益 z_1 は 2,523,388 円で，輸送費用 z_2 は 336,612 円となっている．意思決定者は輸送費用を犠牲にしても，販売利益をもう少し上げたいと考え，基準点を $(\bar{z}_1, \bar{z}_2) =$ (−2,630,000, 260,000) に更新した

表 7.5 対話型 2 目的線形計画法

	もとの問題の解	対話型 2 目的線形計画法 $(\bar{z}_1, \bar{z}_2)$ (−2,600,000, 300,000)	(−2,600,000, 260,000)	(−2,630,000, 260,000)
販売収入	15,569,299	15,545,614	15,523,388	15,540,058
仕入費用	13,000,000	13,000,000	13,000,000	13,000,000
輸送費用	373,327	354,386	336,612	349,942
$\max z$	2,195,972	2,191,228	2,186,776	2,190,116
$\max z_1$	2,569,299	2,545,614	2,523,388	2,540,058
$\min z_2$	373,327	354,386	336,612	349,942

とする．このとき，輸送費用 z_2 は 349,942 円となり，増加するものの，販売利益 z_1 は 2,540,058 円となり，意思決定者の要望通り，若干増加していることがわかる．

7.3 ファジィ多目的線形計画問題としての定式化

本節では，まず，食品スーパー ABC の意思決定問題に対して，意思決定者である経営者の判断のあいまい性を考慮したファジィ線形計画問題を考えてみよう．7.1 節で計算したように，食品スーパー ABC の線形計画問題の最適解に対する目的関数値は $z(\boldsymbol{x},\boldsymbol{y}) = 2{,}196{,}027$ となる．この結果をもとに，意思決定者は，利益が 2,300,000 円以上なら十分満足で，2,100,000 円以下ならまったく満足できず，しかも 2,100,000 円から 2,300,000 円の間の利益の増加に対しては比例して満足度が上昇すると考えたとしよう．このような意思決定者のファジィ目標は，線形メンバシップ関数

$$\mu_G(z(\boldsymbol{x},\boldsymbol{y})) = \begin{cases} 1 & ; \quad z(\boldsymbol{x},\boldsymbol{y}) \geqq 2.3 \times 10^6 \\ \dfrac{z(\boldsymbol{x},\boldsymbol{y}) - 2.1 \times 10^6}{0.2 \times 10^6} & ; \quad 2.1 \times 10^6 \leqq z(\boldsymbol{x},\boldsymbol{y}) \leqq 2.3 \times 10^6 \\ 0 & ; \quad z(\boldsymbol{x},\boldsymbol{y}) \leqq 2.1 \times 10^6 \end{cases} \tag{7.13}$$

により規定される．

また，各都市の財政制約

$$\sum_{i=1}^{n} d_{ji} y_{ji} \leqq o_j, \quad j = 1, \ldots, s$$

は若干緩和できるとし，使用金額が o_j 円以下なら十分満足で，$o_j + \bar{o}_j$ 円以上なら全く満足できず，しかも $o_j + \bar{o}_j$ 円から o_j 円の間の使用金額の減少に対しては比例して満足度が上昇すると考えたとする．このような意思決定者のファジィ制

約は，線形メンバシップ関数

$$\mu_{C_j}(z(\boldsymbol{x},\boldsymbol{y})) = \begin{cases} 1 & ; \quad z(\boldsymbol{x},\boldsymbol{y}) \leqq o_j \\ 1 - \dfrac{z(\boldsymbol{x},\boldsymbol{y}) - o_j}{\bar{o}_j} & ; \quad o_j \leqq z(\boldsymbol{x},\boldsymbol{y}) \leqq o_j + \bar{o}_j \\ 0 & ; \quad z(\boldsymbol{x},\boldsymbol{y}) \geqq o_j + \bar{o}_j \end{cases} \tag{7.14}$$

により規定される．

これらのファジィ目標とファジィ制約のパラメータは，表 7.6 に示されている．

表 7.6　ファジィ目標とファジィ制約

メンバシップ値	$\mu=0$	$\mu=1$
目的関数値	2100000	2300000
予算：都市 1（$o_1+\bar{o}_1$, o_1）	2100000	2000000
予算：都市 2（$o_2+\bar{o}_2$, o_2）	1600000	1500000
予算：都市 3（$o_3+\bar{o}_3$, o_3）	1600000	1500000
予算：都市 4（$o_4+\bar{o}_4$, o_4）	1600000	1500000
予算：都市 5（$o_5+\bar{o}_5$, o_5）	1600000	1500000
予算：都市 6（$o_6+\bar{o}_6$, o_6）	1600000	1500000
予算：都市 7（$o_7+\bar{o}_7$, o_7）	1600000	1500000
予算：都市 8（$o_8+\bar{o}_8$, o_8）	2100000	2000000

食品スーパー ABC の意思決定問題に対して，第 6 章で取り扱った Bellmann と Zadeh のファジィ決定に対する最大化決定を採用すれば

$$\mu_D(\boldsymbol{x}^*,\boldsymbol{y}^*) = \max_{(\boldsymbol{x},\boldsymbol{y})\in\bar{X}} \min\{\mu_G(z(\boldsymbol{x},\boldsymbol{y})), \mu_{C_1}(z(\boldsymbol{x},\boldsymbol{y})), \ldots, \mu_{C_s}(z(\boldsymbol{x},\boldsymbol{y}))\} \tag{7.15}$$

を満たす $\boldsymbol{x}^*,\boldsymbol{y}^*$ を求めることになる．ここで

$$\bar{X} = \left\{(\boldsymbol{x},\boldsymbol{y}) \mid D_i^L \leqq x_i \leqq D_i^U,\ \sum_{j=1}^{s} y_{ji} = x_i,\ i=1,\ldots,n,\right. \\ \left. \sum_{i=1}^{n} v_i x_i \leqq W,\ \boldsymbol{x} \geqq \boldsymbol{0},\ \boldsymbol{y} \geqq \boldsymbol{0}\right\} \tag{7.16}$$

はファジィ制約とした財政制約 (7.4) を除く，仕入数量の上下限制約 (7.2)，仕入れ制約 (7.3)，倉庫制約 (7.5)，非負条件を満たす集合である．

ファジィ線形計画問題 (7.15) を，通常の線形計画問題に変換すれば

$$
\begin{aligned}
&\text{maximize} \quad \lambda \\
&\text{subject to} \quad \frac{z(\boldsymbol{x}, \boldsymbol{y})}{2.0 \times 10^5} - \lambda \geqq 10.5 \\
&\qquad \frac{\sum_{i=1}^{n} d_{ji} y_{ji}}{\bar{o}_j} + \lambda \leqq 1 + \frac{o_j}{\bar{o}_j}, \quad j = 1, \ldots, s \\
&\qquad D_i^L \leqq x_i \leqq D_i^U, \quad i = 1, \ldots, n \\
&\qquad \textstyle\sum_{j=1}^{s} y_{ji} = x_i, \quad i = 1, \ldots, n \\
&\qquad \textstyle\sum_{i=1}^{n} v_i x_i \leqq W \\
&\qquad \boldsymbol{x} \geqq \boldsymbol{0}, \ \boldsymbol{y} \geqq \boldsymbol{0}
\end{aligned}
$$

となり，ソルバーで解くと最適値 $\lambda = 0.741$ が得られる．もとの問題とファジィ線形計画問題の最適解は，表 7.7 に対比して示されている*2)．

表 7.7 からわかるように，ファジィ線形計画問題による定式化では各都市の財政制約を緩和しているので，もとの予算に対して各都市とも 25,894 円だけ多く使用し，仕入費用および輸送費用が若干増加したが，その分収入が増加し，目的関数である食品スーパー ABC の利益が 2,195,972 円から 2,248,211 円へと 52,239 円分だけ増加したことがわかる．

表 7.7 もとの問題とファジィ線形計画問題の解

	もとの問題	ファジィ線形計画問題
目的関数値 z	2,195,972	2,248,211
販売収入	15,569,299	15,832,739
仕入費用	13,000,000	13,207,156
輸送費用	373,327	377,372
予算：都市 1	2,000,000	2,025,894
予算：都市 2	1,500,000	1,525,894
予算：都市 3	1,500,000	1,525,894
予算：都市 4	1,500,000	1,525,894
予算：都市 5	1,500,000	1,525,894
予算：都市 6	1,500,000	1,525,894
予算：都市 7	1,500,000	1,525,894
予算：都市 8	2,000,000	2,025,894

これまでの考察では，線形計画問題として定式化した問題に対して，1 つのファジィ目標と s 個のファジィ制約を導入してファジィ線形計画問題したが，次に前

*2) 本例のように，変数 λ と x_i の値に大きな差がある問題をソルバーで解くときには，ソルバーのパラメータ画面でオプションを選択した後，オプションで「自動サイズ調整を使用する」にチェックを入れる必要がある．

節で考察したように，複数の目的をもつ多目的線形計画問題に対して同じようにファジィ目標を導入したファジィ多目的線形計画問題を考えてみよう．ファジィ多目的線形計画問題においてもファジィ制約を導入した定式化はもちろん可能であるが，ここでは第 6 章の定式化に従ってファジィ制約は考慮せず，前節で取り扱った販売利益と，輸送費用の 2 つの目的にファジィ目標を導入したファジィ 2 目的線形計画問題を定式化する．

仕入数量の上下限制約 (7.2)，仕入れ制約 (7.3)，財政制約 (7.4)，倉庫制約 (7.5) および非負条件件を満たす実行可能解の集合を X とすれば，食品スーパー ABC のファジィ 2 目的線形計画問題は，形式的には

$$\begin{array}{ll} \text{fuzzy max} & z_1(\boldsymbol{x},\boldsymbol{y}) = \sum_{i=1}^{n} c_i x_i - \sum_{j=1}^{s}\sum_{i=1}^{n} d_{ji} y_{ji} \\ \text{fuzzy min} & z_2(\boldsymbol{x},\boldsymbol{y}) = \sum_{j=1}^{s}\sum_{i=1}^{n} b_{ji} y_{ji} \\ \text{subject to} & (\boldsymbol{x},\boldsymbol{y}) \in X \end{array}$$

のように表され，目的関数 $z_1(\boldsymbol{x},\boldsymbol{y})$ と $z_2(\boldsymbol{x},\boldsymbol{y})$ に対して意思決定者のファジィ目標 $\mu_1(z_1(\boldsymbol{x},\boldsymbol{y}))$ と $\mu_2(z_2(\boldsymbol{x},\boldsymbol{y}))$ が設定されると

$$\left.\begin{array}{ll} \text{maximize} & \mu_1(z_1(\boldsymbol{x},\boldsymbol{y})) \\ \text{maximize} & \mu_2(z_2(\boldsymbol{x},\boldsymbol{y})) \\ \text{subject to} & (\boldsymbol{x},\boldsymbol{y}) \in X \end{array}\right\} \tag{7.17}$$

のように書き換えることができる．

このような 2 つの目的関数に対するファジィ目標 $\mu_1(z_1(\boldsymbol{x},\boldsymbol{y}))$, $\mu_2(z_2(\boldsymbol{x},\boldsymbol{y}))$ を Zimmermann の方法で設定してみよう．そのために，販売利益最大化と輸送費用最小化の個別の目的を最適化するための 2 つの線形計画問題を解き，それぞれの最適解を求める．Zimmermann によるファジィ目標を特性づけるメンバシップ関数は最小化すべき目的関数 $z_i(\boldsymbol{x})$ に対して，次のように定式化される．

$$\mu_i(z_i(\boldsymbol{x})) = \begin{cases} 0 & ; \quad z_i(\boldsymbol{x}) \geqq z_i^0 \\ \dfrac{z_i(\boldsymbol{x}) - z_i^0}{z_i^1 - z_i^0} & ; \quad z_i^0 \geqq z_i(\boldsymbol{x}) \geqq z_i^1 \\ 1 & ; \quad z_i(\boldsymbol{x}) \leqq z_i^1 \end{cases} \tag{7.18}$$

ここで，パラメータ z_i^0 と z_i^1 は，意思決定者が各目的関数 $z_i(\boldsymbol{x})$ に対して「だいたいある値以下にしたい」という，ファジィ目標を特性づけるメンバシップ関数の満足度が 0 と 1 になるような目的関数の値である．z_i^1 は個別の問題の最適値を設定し，z_i^0 は各問題の最適解 $(\boldsymbol{x}^{io})$ とすると

$$z_i^0 = \max(z_i(\boldsymbol{x}^{1o}), \ldots, z_i(\boldsymbol{x}^{i-1,o}), z_i(\boldsymbol{x}^{i+1,o}), \ldots, z_i(\boldsymbol{x}^{ko})), \quad i = 1, \ldots, k \tag{7.19}$$

と設定される.

食品スーパー ABC の問題では, 販売利益の最大値は $2,585,822$ 円で, 輸送費用の最小値は $201,042$ 円であり, これらの値が満足度 1 のパラメータ $z_1^1 = 2,585,822$ と $z_2^1 = 201,042$ となり, 満足度 0 のパラメータ z_1^0 と z_2^0 は (7.19) によって, $z_1^0 = 2,117,800$ と $z_2^0 = 404,218$ と計算される. Zimmermann の方法では, 線形メンバシップ関数を採用しているので, 販売利益および輸送費用のファジィ目標のメンバシップ関数は次のように表現される.

$$\mu_1(z_1(\boldsymbol{x},\boldsymbol{y})) = \begin{cases} 0 & ; \ z_1(\boldsymbol{x},\boldsymbol{y}) \leqq z_1^0 \\ \dfrac{z_1(\boldsymbol{x},\boldsymbol{y}) - z_1^0}{z_1^1 - z_1^0} & ; \ z_1^0 \leq z_1(\boldsymbol{x},\boldsymbol{y}) \leqq z_1^1 \\ 1 & ; \ z_1(\boldsymbol{x},\boldsymbol{y}) \geqq z_1^1 \end{cases}$$

$$\mu_2(z_2(\boldsymbol{x},\boldsymbol{y})) = \begin{cases} 0 & ; \ z_2(\boldsymbol{x},\boldsymbol{y}) \geqq z_2^0 \\ \dfrac{z_2(\boldsymbol{x},\boldsymbol{y}) - z_2^0}{z_2^1 - z_2^0} & ; \ z_2^0 \geqq z_2(\boldsymbol{x},\boldsymbol{y}) \geqq z_2^1 \\ 1 & ; \ z_2(\boldsymbol{x},\boldsymbol{y}) \leqq z_2^1 \end{cases}$$

このような線形メンバシップ関数 $\mu_{G_i}(z_i(\boldsymbol{x},\boldsymbol{y}))$ と Bellman と Zadeh のファジィ決定を採用すれば, ファジィ多目的線形計画問題は

$$\max_{(\boldsymbol{x},\boldsymbol{y}) \in X} \min\{\mu_1(z_1(\boldsymbol{x},\boldsymbol{y})), \mu_2(z_2(\boldsymbol{x},\boldsymbol{y}))\} \tag{7.20}$$

と表される.

補助変数 λ を導入すれば, ファジィ 2 目的線形計画問題 (7.20) は次のような線形計画問題に変換される.

$$
\begin{aligned}
\text{maximize} \quad & \lambda \\
\text{subject to} \quad & \frac{z_1(\boldsymbol{x}, \boldsymbol{y}) - z_1^0}{z_1^1 - z_1^0} - \lambda \geqq 0 \\
& \frac{z_2(\boldsymbol{x}, \boldsymbol{y}) - z_2^0}{z_2^1 - z_2^0} - \lambda \geqq 0 \\
& D_i^L \leqq x_i \leqq D_i^U, \quad i = 1, \ldots, n \\
& \textstyle\sum_{j=1}^{s} y_{ji} = x_i, \quad i = 1, \ldots, n \\
& \textstyle\sum_{i=1}^{n} d_{ji} y_{ji} \leqq o_j, \quad j = 1, \ldots, s \\
& \textstyle\sum_{i=1}^{n} v_i x_i \leqq W, \quad i = 1, \ldots, n \\
& \boldsymbol{x} \geqq \mathbf{0}, \ \boldsymbol{y} \geqq \mathbf{0}
\end{aligned}
$$

この問題をソルバーで解くと最適値 $\lambda = 0.649$ が得られる．表 7.8 にもとの問題とファジィ 2 目的線形計画問題の最適解が対比して示されている．

表 **7.8** もとの問題とファジィ 2 目的線形計画問題の解

	もとの問題	ファジィ 2 目的線形計画問題
販売収入	15,569,299	15,421,714
仕入費用	13,000,000	13,000,000
輸送費用	373,327	272,284
$\max z$	2,195,972	2,149,430
$\max z_1$	2,569,299	2,421,714
$\min z_2$	373,327	272,284

表 7.8 からわかるように，Bellman と Zadeh のファジィ決定では，販売利益 z_1 および輸送費用 z_2 のそれぞれにファジィ目標を設定し，これら 2 つのファジィ目標の達成度を同等に扱っているので，もとの問題の解に比べて，販売利益 z_1 が減少して改悪され，輸送費用 z_2 は減少して改善されていることがわかる．

次に，食品スーパー ABC のファジィ 2 目的線形計画問題 (7.17) に対して，第 6 章で考察した対話型ファジィ多目的線形計画法を適用してみよう．対話型ファジィ多目的線形計画法では，意思決定者が主観的に基準メンバシップ値 $(\bar{\mu}_1, \bar{\mu}_2, \ldots, \bar{\mu}_k)$ を設定し，この基準メンバシップ値にできるだけ近い (M) パレート最適解を求めるために，次のミニマックス問題を解くことになる．

$$
\underset{\boldsymbol{x} \in X}{\text{minimize}} \quad \max_{i=1,\ldots,k} \{\bar{\mu}_i - \mu_i(z_i(\boldsymbol{x}))\}
$$

補助変数 v を導入すれば，この問題は次のように変換される．

$$\begin{aligned}\text{minimize} \quad & v\\ \text{subject to} \quad & \bar{\mu}_i - \mu_i(z_i(\boldsymbol{x})) \leqq v, \quad i = 1, 2, \ldots, k\\ & \boldsymbol{x} \in X\end{aligned}$$

食品スーパー ABC のファジィ 2 目的線形計画問題 (7.17) に対する意思決定者の設定した基準メンバシップ値 $(\bar{\mu}_1, \bar{\mu}_2)$ に対応するミニマックス問題は次のように定式化できる．

$$\left.\begin{aligned}\text{minimize} \quad & v\\ \text{subject to} \quad & \bar{\mu}_1 - \frac{z_1(\boldsymbol{x}, \boldsymbol{y}) - z_1^0}{z_1^1 - z_1^0} \leqq v\\ & \bar{\mu}_2 - \frac{z_2(\boldsymbol{x}, \boldsymbol{y}) - z_2^0}{z_2^1 - z_2^0} \leqq v\\ & D_i^L \leqq x_i \leqq D_i^U, \quad i = 1, \ldots, n\\ & \textstyle\sum_{j=1}^s y_{ji} = x_i, \quad i = 1, \ldots, n\\ & \textstyle\sum_{i=1}^n d_{ji} y_{ji} \leqq o_j, \quad j = 1, \ldots, s\\ & \textstyle\sum_{i=1}^n v_i x_i \leqq W, \quad i = 1, \ldots, n\\ & \boldsymbol{x} \geqq \boldsymbol{0}, \ \boldsymbol{y} \geqq \boldsymbol{0}\end{aligned}\right\} \tag{7.21}$$

食品スーパー ABC のファジィ 2 目的線形計画問題 (7.17) に対して，対話型ファジィ多目的線形計画法を適用した対話過程を表 7.9 に示す．最初に，基準メンバシップ値を $(\bar{\mu}_1, \bar{\mu}_2) = (1, 1)$ と設定して，ミニマックス問題 (7.21) がソルバーで解かれる．意思決定者は得られたメンバシップ値 $(\mu_1, \mu_2) = (0.649, 0.649)$ や目的関数値 $(z_1, z_2) = (2,421,714,\ 272,284)$ を評価し，基準メンバシップ値を更新する．初期の基準メンバシップ値 $(1, 1)$ に対して，2 つのファジィ目標は，Bellman

表 **7.9** 対話型ファジィ 2 目的線形計画法の対話過程

	対話型ファジィ 2 目的線形計画法 $(\bar{\mu}_1, \bar{\mu}_2)$		
	(1,1)	(0.8, 1)	(0.8, 0.9)
μ_1	0.649	0.533	0.592
μ_2	0.649	0.733	0.692
販売収入	15,421,714	15,367,391	15,394,873
仕入費用	13,000,000	13,000,000	13,000,000
輸送費用	272,284	255,231	263,618
$\max z$	2,149,430	2,112,160	2,131,255
$\max z_1$	2,421,714	2,367,391	2,394,873
$\min z_2$	272,284	255,231	263,618

と Zadeh のファジィ決定と同様に，まったく同等に取り扱われているので，同じメンバシップ値 0.649 が得られている．2 回目のイテレーションでは，意思決定者が得られた結果に対して，μ_1 を犠牲にしても μ_2 を改善したいと考えていると仮定して，基準メンバシップ値を $(\bar{\mu}_1, \bar{\mu}_2) = (0.8, 1)$ と設定している．この基準メンバシップ値に対するファジィ目標のメンバシップ値は $(\mu_1, \mu_2) = (0.533, 0.733)$ で，対応する目的関数値は $(z_1, z_2) = (2,367,391,\ 255,231)$ となっている．3 回目のイテレーションでは，意思決定者が μ_2 を若干犠牲にしても，もう少し μ_1 を改善したいと仮定して，基準メンバシップ値を $(\bar{\mu}_1, \bar{\mu}_2) = (0.8, 0.9)$ に更新している．このとき，ファジィ目標のメンバシップ値は $(\mu_1, \mu_2) = (0.592, 0.692)$ で，対応する目的関数値は $(z_1, z_2) = (2,394,873,\ 263,618)$ となり，意思決定者が得られた結果に満足したと仮定して，対話が終了している．

最後に，食品スーパー ABC の商品の仕入れに関する外部委託と多店舗展開を考慮した場合の定式化について触れておこう．これまで，食品スーパー ABC の目的関数を販売収入から仕入費用と輸送費用を差引いた純利益として

$$z(\boldsymbol{x}, \boldsymbol{y}) = \sum_{i=1}^{n} c_i x_i - \sum_{j=1}^{s} \sum_{i=1}^{n} d_{ji} y_{ji} - \sum_{j=1}^{s} \sum_{i=1}^{n} b_{ji} y_{ji}$$

のように定式化してきた．これに対して，業者への委託契約を次のように定めたとする．食品スーパー ABC は食品 i の仕入数量 $x_i,\ i = 1, \ldots, n$ を定め，業者は自社の判断で都市 j の中央卸売市場での食品 i の購入量 $y_{ji},\ j = 1, \ldots, s,\ i = 1, \ldots, n$ を決定できるとする．ただし，食品 i ごとに業者からの買い入れ価格 r_i を定め，各都市の中央卸売市場から倉庫までの輸送費用は食品スーパー ABC が負担するとする．このとき，食品スーパー ABC の目的関数は

$$z_1(\boldsymbol{x}, \boldsymbol{y}) = \sum_{i=1}^{n} (c_i - r_i) x_i - \sum_{j=1}^{s} \sum_{i=1}^{n} b_{ji} y_{ji}$$

となり，業者の目的関数は

$$z_2(\boldsymbol{x}, \boldsymbol{y}) = \sum_{i=1}^{n} r_i x_i - \sum_{j=1}^{s} \sum_{i=1}^{n} d_{ji} y_{ji}$$

となる．食品スーパー ABC と委託先の業者がそれぞれ独立した企業であれば，この意思決定問題は，先に食品スーパー ABC が仕入数量 x_i を定め，これに対応して業者は都市 j の中央卸売市場での食品 i の購入量 y_{ji} を定める 2 レベル線計画問題として定式化される．さらに，食品スーパー ABC が東京のみならず日本各地に店舗を展開していけば，3 レベル線計画問題として定式化される．2 レベルおよ

び 3 レベル線形計画問題は本書で取り扱ってきた線形計画法で解くことはできないが，第 4 章で解説した分枝限定法を利用した解法が開発されている．詳細については，参考文献として紹介している M. Sakawa and I. Nishizaki: *Cooperative and Noncooperative Multi-Level Programming*, Springer (2009) を参照していただければ幸いである．

章 末 問 題

7.1 食品店 D は 2 種類の生鮮食料品を中央卸売市場で仕入れている．食品店 D が仕入れる中央卸売市場は 2 都市にあり，各卸売市場で購入された食品は東京にある食品店 D へトラックで輸送される．食品 1 および食品 2 の仕入数量を x_1, x_2 とし，都市 1 の中央卸売市場での食品 1 および食品 2 の購入量を y_{11}, y_{12} とし，都市 2 の中央卸売市場での食品 1 および食品 2 の購入量を y_{21}, y_{22} とする．食品 1 の販売価格は 90 円，食品 2 の販売価格は 111 円，都市 1 の中央卸売市場での食品 1 および食品 2 の購入価格はそれぞれ 50, 57 円，都市 2 の中央卸売市場での食品 1 および食品 2 の購入価格はそれぞれ 60, 50 円とする．都市 1 から食品 1 および食品 2 の輸送費用は 20, 8 円とし，都市 2 から食品 1 および食品 2 の輸送費用は 8, 10 円とする．食品店 D は販売収入から仕入費用と輸送費用を差し引いた純利益を最大化したい．このとき，食品店 D の目的関数 z を求めよ．

7.2 問題 7.1 において，食品 1 の仕入数量 x_1 に関して，これまでの需要データと食品店 D 自身の経営判断から設定された下限値 4,000 と上限値 5,000 があり，食品 2 の仕入数量 x_2 に関しも，同様に下限値 4,000 と上限値 5,000 がある．これらの制約式を求めよ．

7.3 問題 7.1 において，食品 1 は 2 都市の中央卸売市場で購入されるが，その合計が食品 1 の仕入数量 x_1 と等しい．食品 2 についても同様である．これらの仕入れに関する制約式を求めよ．

7.4 問題 7.1 において，各都市の中央卸売市場での財政的な制約がある．都市 1 および都市 2 における予算の上限をそれぞれ 220,000, 200,000 円としたときの財政制約を求めよ．

7.5 問題 7.1 の目的関数と問題 7.2〜7.4 の制約式と非負条件をもつ食品店 D の購買問題を定式化し，Excel ソルバーを用いて最適解を求めよ．

7.6 問題 7.1 において，販売収入から仕入費用を差し引いた目的関数 z_1 と輸送費用の目的関数 z_2 の 2 目的と問題 7.2〜7.4 の制約式と非負制約をもつ食品店 D の 2 目的購買問題を定式化し，重み $(w_1, w_2) = (1, 4)$ としたときの重み係数問題を Excel ソルバーを用いて解け．

7.7 問題 7.6 で定式化した食品店 D の 2 目的購買問題に対して Zimmermann の方法でファジィ目標を設定し，Bellman と Zadeh のファジィ決定の最大化に基づく定式化を示し，Excel ソルバーを用いて解け．

参 考 文 献

教科書あるいは入門書としての本書の性格上，本文中ではいちいち引用していないが，本書を執筆するにあたって，直接参考にさせていただいたり引用させていただいた内外の単行本や文献を以下にあげて，感謝の意を表したい．

線形計画法をさらに進んで勉強する人は，創始者の執筆した洋書の [2] をはじめとして，洋書の [1], [3], [5] や和書の [3], [5] などがある．整数計画法については，洋書の [4] や和書の [1], [2], [8] などが代表的である．また，和書の拙著 [3], [4], [6], [8] には，多目的数理計画法やファジィ数理計画法に関する単独の章も設けられているので，これらの分野に興味のある読者におすすめしたい．さらに本格的に勉強する人には，次の洋書の拙著が有用である．

- M. Sakawa: *Fuzzy Sets and Interactive Multiobjective Optimization*, Plenum Press, xii+308 (1993).
- M. Sakawa: *Large Scale Interactive Fuzzy Multiobjective Programming*, Physica-Verlag, ix+217 (2000).
- M. Sakawa: *Genetic Algorithms and Fuzzy Multiobjective Optimization*, Kluwer Academic Publishers, x+288 (2001).
- M. Sakawa and I. Nishizaki: *Cooperative and Noncooperative Multi-Level Programming*, Springer, xi+250 (2009).
- M. Sakawa, I. Nishizaki and H. Katagiri: *Fuzzy Stochastic Multiobjective Programming*, Springer, xii+264 (2011).

1. 線形・整数計画法に関する単行本

1.1 洋書（年代順）

[1] S.I. Gass: *Linear Programming*, McGraw-Hill (1958), 4th Edition (1975)；小山昭雄訳：線型計画法，原書第 4 版，好学社 (1979).

[2] G.B. Dantzig: *Linear Programming and Extensions*, Princeton University Press (1963)；小山昭雄訳：線型計画法とその周辺，ホルト・サウンダース・ジャパン (1983).

[3] V. Chvátal: *Linear Programming*, W.H. Freeman and Company, (1983)；阪田省二郎，田口　東，藤野和健訳「線形計画法（上），（下）」, 啓学出版 (1986), (1988).

[4] H.M. Salkin and K. Mathur: *Foundations of Integer Programming*, North-Holland (1989).

[5] G.B. Dantzig and M.N. Thapa: *Linear Programming, 1: Introduction*, Springer-Verlag (1997).

1.2 和書（年代順）

[1] 今野　浩：整数計画法（講座・数理計画法 6），産業図書 (1981).
[2] 今野　浩，鈴木久敏（編）：整数計画法と組合せ最適化，日科技連出版社 (1982).
[3] 坂和正敏：線形システムの最適化＜一目的から多目的へ＞，森北出版 (1984).
[4] 坂和正敏：非線形システムの最適化＜一目的から多目的へ＞，森北出版 (1986).
[5] 今野　浩：線形計画法，日科技連出版社 (1987).
[6] 坂和正敏：経営数理システムの基礎＜線形計画法に基づく意思決定＞，森北出版 (1991).
[7] 坂和正敏：数理計画法の基礎，森北出版 (1999).
[8] 坂和正敏：離散システムの最適化＜一目的から多目的へ＞，森北出版 (2000).

2. 各手法の背景となる代表的な論文

本書の第 2，4，5，6 章の執筆にあたって，参考にさせていただいた，各手法の背景となる代表的な論文を，各章ごとにあげて，感謝の意を表したい．

第 2 章（年代順）

[1] C.E. Lemke: The dual simplex method of solving the linear programming problem, *Naval Research Logistics Quarterly*, Vol. 1, pp. 36–47 (1954).
[2] R.G. Bland: New finite pivoting rules for the simplex method, *Core Discussion Papers, 7612*, Center for Operations Research & Economics, Universite Catholique de Louvain (1976), also in *Mathematics of Operations Research*, Vol. 2, pp. 103–107 (1977).
[3] G.B. Dantzig: Reminisciences about the origins of linear programming, *Operations Research Letters*, Vol. 1, pp. 43–48 (1982).

第 4 章（年代順）

[1] A.H. Land and A.G. Doig: An automatic method for solving descrete programming problems, *Econometrica*, Vol. 28, pp. 497–520 (1960).
[2] R.J. Dakin: A tree search algorithm for mixed integer programming problems, *Computer Journal*, Vol. 8, pp. 250–255 (1965).
[3] A.M. Geoffrion and R.E. Marsten: Integer programming algorithms: A framework and state-of-the-art survey, *Management Science*, Vol. 18, pp. 465–491 (1972).

第 5 章（年代順）

[1] A.P. Wierzbicki:The Use of Reference Objectives in Multiobjective Optimization; in Multiple Criteria Decision Making: Theory and Application (G. Fandel and T. Gal Eds.) pp.468–486 Springer-Verlag (1980).
[2] R.E. Steuer and E.-U. Choo : An interactive weighted Tchebycheff procedure for multiple objective programming, *Mathematical Programming*, Vol. 26, pp. 326–344 (1983).

第 6 章（年代順）

[1] R.E. Bellman and L.A. Zadeh: Decision making in a fuzzy environment, *Management*

Science, Vol. 17, pp. 141–164 (1970).
[2] 坂和正敏：ファジィ理論の基礎と応用，森北出版 (1989).
[3] M. Sakawa: *Fuzzy Sets and Interactive Multiobjective Optimization*, Plenum Press, New York (1993).
[4] M. Sakawa, H. Yano and T. Yumine: An interactive fuzzy satisficing method for multiobjective linear-programming problems and its application, *IEEE Trans. Systems, Man, and Cybernetics*, Vol. SMC-17, pp. 654–661 (1987).
[5] L.A. Zadeh: Fuzzy sets, *Information and Control*, Vol. 8, pp. 338–353 (1965).
[6] H.-J. Zimmermann: Description and optimization of fuzzy systems, *Int. Journal of General Systems*, Vol. 2, pp. 209–215 (1976).
[7] H.-J. Zimmermann: Fuzzy programming and linear programming with several objective functions, *Fuzzy Sets and Systems*, Vol. 1, pp. 45–55 (1978).

索　　引

ア　行

相競合 (conflicit)　6, 109, 137

意思決定者 (decision maker)　6, 120, 137
一意的な最適解 (unique optimal solution)　21
一般化多目的線形計画問題 (generalized multiobjective linear programming problem)　137

右辺定数 (right-hand-side constant)　13

栄養の問題 (diet problem)　11
M パレート最適解 (M-Pareto optimal solution)　138
M パレート最適性のテスト (M-Pareto optimality test)　141

重み係数法 (weighting method)　112, 154
重み係数問題 (weighting problem)　112
重み付けミニマックス法 (weighted minimax method)　115
重み付けミニマックス問題 (weighted minimax problem)　115
親問題 (master problem)　99

カ　行

改訂シンプレックス法 (revised simplex methed)　42
下界値 (lower bound)　90, 96
拡大基底逆行列 (enlarged basis inverse matrix)　44
拡大基底行列 (enlarged basis matrix)　44
活性 (active)　123, 142
間接列挙法 (implicit enumeration method)　94
完全最適解 (complete optimal solution)　110
感度分析 (sensitivity analysis)　60
緩和 (relaxation)　90
緩和法 (relaxation method)　90
　——の原理 (principle of ——)　90
緩和問題 (relaxed problem)　90

機械のスケジューリング問題 (machine scheduling problem)　105
基準点 (reference point)　120, 139
基準点法 (reference point method)　120, 155
基準メンバシップ値 (reference membership values)　140
基底 (basis)　43
基底解 (basic solution)　17, 43
基底行列 (basic matrix)　42
基底形式 (basic form)　18
基底変数 (basic variable)　17, 18
基本行列 (elementary matrix)　68
強双対定理 (strong duality theorem)　52
共通集合 (intersection)　129

組合せ最適化問題 (combinatorial optimization problem)　85

けちけち法 (stingy method)　106
限定操作 (bounding operation)　99

購買問題 (purchase problem)　146

Gordon の定理 (Gordon's theorem) 68
子問題 (subproblem) 97
混合整数計画問題 (mixed integer programming problem) 85

サ 行

サイクル (cycle) 23
最小オペレータ (minimum-operator) 132
最小添字規則 (smallest subscript rule) 39
最大化決定 (maximizing decision) 129, 158
最適解 (optimal solution) 16, 86
最適基底形式 (optimal basic form) 20
最適性規準 (optimality criterion) 20
最適正準形 (optimal canonical form) 20
最適タブロー (optimal tableau) 20
最適値 (optimal value) 16, 87
暫定解 (incumbent solution) 93, 98
暫定値 (incumbent value) 94, 98

自己双対 (self-dual) 68
辞書式順序 (lexicographical order) 39
辞書式順序規則 (lexicographic rule) 39
施設配置問題 (facility location problem) 87
実行可能解 (feasible solution) 16, 86
実行可能基底解 (basic feasible solution) 17
実行可能正準形 (feasible canonical form) 19
実行可能領域 (feasible region) 86
支配されない (nondominated) 111
弱双対定理 (weak duality theorem) 52
弱パレート最適解 (weak Pareto optimal solution) 111
集合詰込み問題 (set packing problem) 89
集合被覆問題 (set covering problem) 89
集合分割問題 (set partitioning problem) 89
終端する (terminate) 93, 99
自由変数 (free variable) 15
樹状図 (tree diagram) 99
主問題 (primal problem) 51
巡回 (cycling) 37
巡回セールスマン問題 (traveling salesman problem) 105
純整数計画問題 (pure integer programming problem) 85
人為変数 (artificial variable) 29
シンプレックス規準 (simplex criterion) 20
シンプレックス乗数 (simplex multiplier) 123, 142
シンプレックス乗数ベクトル (simplex multiplier vector) 44
シンプレックス・タブロー (simplex tableau) 18

スカラー化手法 (scalarization method) 112
スラック変数 (slack variable) 14

生産計画の問題 (production planning problem) 11
正準形 (canonical form) 18
整数解 (integer solution) 91, 96
整数計画問題 (integer programming problem) 85
制約緩和問題 (constraint relaxed problem) 91
制約条件 (constraint) 13, 86
制約法 (constraint method) 114
制約問題 (constraint problem) 114
摂動法 (perturbation method) 39
0–1 計画問題 (0–1 programming problem) 85
線形計画問題 (linear programming problem) 13
線形メンバシップ関数 (linear membership function) 131
選好解 (preferred solution) 120
潜在価格 (shadow price) 55
全整数計画問題 (all integer programming problem) 85

双対実行可能正準形 (dual feasible canonical form) 57
双対シンプレックス法 (dual simplex methed) 56
双対性 (duality) 51
双対定理 (duality theorem) 52
相対費用係数 (relative cost coefficient) 20
双対変数 (dual variable) 51
双対問題 (dual problem) 51
相補定理 (complementary slackness theorem) 68

測深 (fathoming)　90, 93
　——する (fathom)　99
測深済 (fathomed)　93
素分割 (partition)　92

タ　行

第 1 段階 (phase one)　31
退化 (degenerate)　19
代替案 (alternatives)　128
第 2 段階 (phase two)　31
対話 (interaction)　139
対話型手法 (interactive method)　120, 139
対話型多目的線形計画法 (interactive multiobjective linear programming)　124
対話型ファジィ多目的線形計画法 (interactive fuzzy multiobjective linear programming)　139, 142
多次元ナップサック問題 (multidimensional knapsack problem)　88
多目的線形計画問題 (multiobjective linear programming problem)　109, 120, 133, 137

統合関数 (conjunctive function)　139
特性関数 (characteristic function)　127
トレード・オフ (trade-off)　6
トレード・オフ比 (trade-off rate)　123, 142

ナ　行

ナップサック問題 (knapsack problem)　87

2 段階法 (two phase method)　32

ハ　行

パレート最適解 (Pareto optimal solution)　6, 110, 137
パレート最適性のテスト (Pareto optimality test)　118, 122

非基底 (nonbasis)　43
非基底変数 (nonbasic variable)　17, 18
非支配解 (nondominated solution)　110
非退化実行可能基底解 (nondegenerate basic feasible solution)　17
非負条件 (nonnegativity condition)　13
ピボット行列 (pivot matrix)　68
ピボット項 (pivot term)　23
ピボット操作 (pivot operation)　23
ピボット列 (pivot column)　42
非有界 (unbounded)　22
費用関数 (cost function)　12
費用係数 (cost coefficient)　13
標準形 (standard form)　13
非劣解 (noninferior solution)　6, 110

Farkas の定理 (Farkas' theorem)　55
fuzzy equal　138
ファジィ決定 (fuzzy decision)　129, 158
ファジィ集合 (fuzzy set)　127, 128
ファジィ制約 (fuzzy constraint)　128, 130, 158
ファジィ多目的意思決定問題 (fuzzy multiobjective decision making problem)　139
fuzzy max　138
fuzzy min　138
ファジィ目標 (fuzzy goal)　7, 128, 130, 137, 157
部分問題 (subproblem)　92
プロジェクト選択問題 (project selection problem)　88
分割 (division)　92
分割統治 (divide-and-conqure)　90
分割統治法 (divide-and-conqure method)　92
分枝限定法 (branch and bound method)　94, 96
分枝操作 (branching operation)　99
分枝変数 (branching variable)　99

ベクトル最小化 (vector-minimization)　109

マ　行

満足解 (satisficing solution)　139

ミニマックス問題 (minimax problem)　120, 140, 155, 162

メンバシップ関数 (membership function)　127

目的関数 (objective function) 13, 86

ヤ 行

輸送問題 (transportation problem) 146

欲張り法 (greedy method) 105
余裕変数 (surplus variable) 15

ラ 行

ラグランジュ緩和問題 (Lagrangian relaxation problem) 106

離散最適化問題 (discrete optimization problem) 85
利潤関数 (profit function) 11
利潤係数 (profit coefficient) 13

劣解 (inferior solution) 111
列挙木 (enumeration tree) 93
列形式 (column form) 41
連続緩和問題 (continuous relaxed problem) 91, 96

論理条件 (logical condition) 104

著者略歴

坂 和 正 敏（さかわ・まさとし）

1947 年　愛媛県に生まれる
1975 年　京都大学大学院工学研究科博士課程数理工学専攻修了
　　　　京都大学工学博士
現　在　広島大学大学院工学研究院システムサイバネティクス専攻教授
著　書　『線形システムの最適化〈一目的から多目的へ〉』,
　　　　『非線形システムの最適化〈一目的から多目的へ〉』,
　　　　『離散システムの最適化〈一目的から多目的へ〉』,
　　　　『数理計画法の基礎』（以上　森北出版）,
　　　　『ソフト最適化』（共著）,
　　　　『遺伝的アルゴリズム』（共著）（以上　朝倉書店）,
　　　　"*Fuzzy Sets and Interactive Multiobjective Optimization*"
　　　　(Plenum Press),
　　　　"*Genetic Algorithms and Fuzzy Multiobjective Optimization*"
　　　　(Kluwer Academic Publishers),
　　　　"*Cooperative and Noncooperative Multi-Level Programming*"（共著）,
　　　　"*Fuzzy Stochastic Multiobjective Programming*"（共著）
　　　　（以上 Springer）, 他多数.

シリーズ〈オペレーションズ・リサーチ〉6

線形計画法の基礎と応用　　定価はカバーに表示

2012 年 3 月 10 日　初版第 1 刷
2022 年 3 月 25 日　　　第 5 刷

著　者　坂　和　正　敏
発行者　朝　倉　誠　造
発行所　株式会社　朝　倉　書　店
東京都新宿区新小川町 6-29
郵 便 番 号　162-8707
電　話　03(3260)0141
F A X　03(3260)0180
https://www.asakura.co.jp

〈検印省略〉

中央印刷・渡辺製本

ISBN 978-4-254-27556-8　C 3350　　Printed in Japan